倒退一步，是为了更好地起跑

DAO TUI YI BU
SHI WEI LE
GENG HAO DE QI PAO

颜 白 著

民主与建设出版社
·北京·

©民主与建设出版社，2024

图书在版编目(CIP)数据

倒退一步，是为了更好地起跑 / 颜白著. -- 北京：民主与建设出版社，2016.8（2024.6重印）
 ISBN 978-7-5139-1225-9

Ⅰ.①倒… Ⅱ.①颜… Ⅲ.①人生哲学-青年读物 Ⅳ.①B821-49

中国版本图书馆CIP数据核字（2016）第180091号

倒退一步，是为了更好地起跑
DAOTUI YIBU, SHI WEILE GENGHAO DE QI PAO

著　　者	颜　白
责任编辑	刘树民
出版发行	民主与建设出版社有限责任公司
电　　话	（010）59417747　59419778
社　　址	北京市海淀区西三环中路10号望海楼E座7层
邮　　编	100142
印　　刷	三河市同力彩印有限公司
版　　次	2016年11月第1版
印　　次	2024年6月第3次印刷
开　　本	880mm×1230mm　1/32
印　　张	6
字　　数	180千字
书　　号	ISBN 978-7-5139-1225-9
定　　价	48.00 元

注：如有印、装质量问题，请与出版社联系。

目录 CONTENTS

第一辑 没有谁的成功不是披荆斩棘

- 002 没有谁的成功不是披荆斩棘
- 006 后退一步,我们也不会输掉人生
- 008 退一步,成功不重要,重要的是成长
- 010 退一步,也有大智慧
- 012 目标再紧迫,也请慢慢来
- 015 梦想不灭,你还在路上
- 018 人生竞赛,拼的是终点
- 020 卑微的起点,也能腾飞
- 022 有些梦想,你没必要死抱着不放
- 024 时机未到,不要为怀才不遇而懊恼
- 025 这个世界,所有的问题都能解决
- 028 只抱怨不改变,才是真正的无能
- 031 只有努力,才会有好运气

第二辑　与你不喜欢的人同行

- 036　从宽处理
- 038　自信才低调
- 040　父亲的三句话
- 042　制胜的力量
- 044　留一扇感恩的门
- 046　没和爱因斯坦喝过酒
- 048　拧干抹布擦桌子
- 050　朋友决定你的未来
- 052　千万别炫耀
- 054　让别人保住面子
- 056　群处和独处
- 057　人生要懂得"让利"
- 059　身边的小人
- 061　选择你的圈子
- 063　与你不喜欢的人同行
- 065　尊重才是真正的善

第三辑　做人不妨天天向下

- 068　与天敌共舞
- 069　做人不妨天天向下
- 071　气　　量
- 073　别让仇恨迷住双眼
- 075　第十名现象
- 077　没有天敌的豹子
- 079　没有人的命运是单独的
- 081　天堂鸟的竞争智慧
- 083　为他人鼓掌
- 085　智要足，量要大
- 087　赚的是信任
- 089　大大小小的钱
- 094　把你的门打开
- 097　别忘了说声谢谢

第四辑 向上的人生

100 别小看那些烟灰
102 茶叶袜
104 纯粹一点，收获一点
106 不幸，也是一种财富
108 成功也许就这么简单
112 给人读报的女孩
114 火山石火锅
116 假合约的诱惑
118 未雨绸缪郭子仪
120 心中的那片海
122 王子的裙子
124 向上的人生
127 小小汤勺作用大

第五辑 即使跌倒，也要笑

- 130 别忘记自己
- 132 别失去了自己
- 134 别忽略那些感动
- 136 葎草人生
- 138 人生需要示弱
- 140 即使跌倒，也要笑
- 142 人生如牌局
- 144 拖延等于死亡
- 146 在疼痛上起舞
- 148 不抱怨的价值
- 150 说禅理
- 153 最淡泊最富有
- 155 金子蒙尘时

第六辑 放飞你的心灵

158 去做没把握的事
161 为生命化妆
163 放飞你的心灵
165 孩子们的境界
167 今天天气真好
169 诚实的前程
171 别忙着献丑
173 与人方便
175 王安石的虱子
177 临大事需有静气
179 生存是生活的基础
181 简单的生活
183 一天和一万天

谁的成功不是栉风沐雨？谁的人生不是披荆斩棘？

[第一辑 没有谁的成功不是披荆斩棘]

别再喊痛，喊累，

责骂现实的残忍，

痛斥上帝的不公。

现实凭什么对你温柔以待，

上帝更是没有闲情对你施以不公。

没有谁的成功不是披荆斩棘

[1]

姑妈家的大表哥，一直是父母们眼中那种别人家的孩子。

从小到大，他都是两耳不闻窗外事，一心只读教科书，爱好学习，成绩优秀。家里面有整整一面墙壁，被用来承载他光荣的学习史。

每到逢年过节，大表哥都会被家族长辈们拉出来，当成学习楷模，然后对我们其他晚辈进行严厉的言语打击和深刻教育。

可以这么说，我们所有童年的阴影，很大一部分原因都与大表哥有关。

这种情况一直持续到大表哥高中毕业。

第一年应届高考，考试那几天他恰逢重感冒发挥失常，只是一个趔趄刚好过一本线。这对于一直便把985作为基本起点的表哥来说，自然无法接受，志愿都没填便扎进了复读的队伍。

那一年，他的体重由一百九成功降到一百四，所有人包括他自己都认为不说清华北大，TOP10起码没问题。

可造化弄人，成绩出来后，反而离重本线都差了几分。

家族的长辈们虽然都是齐声安慰，但背后也都暗自嘀咕，这孩子应考能力不行啊，果然还是不能读死书……姑妈也不想他承受太大的心理压力，不愿意他继续复读。

[2]

我不知道那段时间大表哥是怎么熬过来的，他把自己关在房间里一整天,出来后便对父母做出了不再复读的决定,让姑妈他们松了一大口气。

我问他为什么放弃了,大表哥说,没必要把时间和青春耗在这里,后面还有机会。

其实我知道,很大一部分原因便是他不想让父母担心。

暑假过后,大表哥便拖着箱子决然地去了吉首大学。

大学期间,尽管仍可以经常听见他获得各类奖学金的消息,但长辈们终究不再将他当作别人家的孩子。

大四那年参加考研,他把目标定向了本专业的顶级学校:上海财经大学。第一年败北,但得益于成绩优秀,毕业后有银行向他伸出了橄榄枝,姑妈他们自然是非常高兴,可无论他们怎么劝说,一向乖巧听话的大表哥,都坚决地予以了拒绝。

后来家里因为这个事情越闹越大,很多亲戚也加入了劝说的阵营,大表哥干脆一个人提着箱子又回了吉首,在学校旁边租了房子,专心考研。

那年十一月份,我和同学去凤凰旅游,途经吉首,在车站旁边一家火锅店里,大表哥招待了我们。我询问他近况,他用一句还好便回答了所有。

其实我知道并不好,很明显他的眼神略显疲惫,而且相比以前又瘦了。现在的样子任谁都不会想到,他曾经是一个超过一百九的大胖子。

[3]

在去车站转车的路上,我几番欲言又止,最后他看出了端倪,笑了笑说你是不是想说我为什么宁可过这样的日子,也不愿听你姑妈的,选择去银行工作?

我委婉地说,我只是觉得如果当时就参加工作,几年的沉淀未必就会太差。

他看了我几眼说,你说得对,未必会太差。但我也没错,因为我想更好。

我小心地问,万一又没有考上你准备怎么办?

他顿了顿,说我知道你们都认为我偏执,但其实我没有,我只是在我还奋斗得起的年纪里，绝不容许自己选择妥协与放弃。

上车后，我望着他瘦弱的身子套在红黑相间的羽绒服里，形单影只地踏上回去的路，最后一点一点地消融在熙攘的人群中。

他对这座城市或许没有多少热爱，梦想成为唯一让他在此驻留的理由。那一瞬间，我突然觉得有些感动与难过。

同行的同学说，其实你表哥没有骗你，他是真的很好，就和我们旅游一样，再累也觉得开心，我们体会不到他那种为了心中的信念，不断奋斗的乐趣而已。

或许老天和他开玩笑上了瘾，大表哥二次考研再次败北，这时候父母以及家族里的长辈们都不再言语，只是暗地里为他当时拒绝银行的决定而摇头叹息。

虽然他再次选择了拒绝调剂，却也没有再说继续坚持，而是默默地在长沙找了份工作，和普通的上班族一样，工资三千，朝九晚五。唯一不同的便是，在这座号称娱乐之都的城市里，下班后他不向往其他人所热衷的夜生活，而是选择关在房间里埋头耕耘自己的梦想。

幸运之神终于在第三次考研后降临，他收到了上财的录取通知书。我祝贺他，说恭喜你再次成为别人家的孩子。

大表哥笑了笑，一脸神秘地打趣道，这才中途而已，可不是终途。

果然，几年后他又收到了斯坦福大学的offer。

在家庭庆功宴上，大表哥梳着油背头，西装革履，精神焕发。我突然忆起了那年在吉首汽车南站，他的眼神写满疲惫，裹着红黑相间的羽绒服，在寒风中向我挥手告别。

[4]

如果不是那个记忆犹新的场景，我差点就忘记了他曾将自己置身在举目无亲的湘西边陲小城里，只为让自己远离流言蜚语，也忘记了他是怎样独自忍受着孤独，又是怎样一个人对抗着整个世界。

或许，世人皆是如此。

在别人登顶巅峰的时刻，我们都习惯惊羡于他绽放出的万丈光芒，却不能尝试将目光移到他的身后,探寻他来时的方向,那里才真正隐藏着助他翱翔的秘籍与宝藏。

在寻梦的路上,初出茅庐的你满怀憧憬,意气风发。可慢慢地你便动摇了最初的信仰,眸子亦逐渐淡失了昔日的清亮,甚至某一天当你拿起别在腰间的鼓槌,却发现它早已腐蚀在现实的风雨里,最后你跌倒在比肩接踵的人潮中,惊恐地看着自己鲜血淋漓的伤口,仓皇逃离。

你颓然地坐在原地,努力安慰自己,成功者只是源于上帝的垂青,梦想本就只能是梦想,它的幻灭正是自己成长的证明。

可你从没想过,哪一份自信从容的微笑背后,不是滴满汗水与泪水的脚印。而春天之所以如此温暖,不也是因为历经了整个寒彻萧瑟的隆冬。

别再喊痛,喊累,责骂现实的残忍,痛斥上帝的不公。现实凭什么对你温柔以待,上帝更是没有闲情对你施以不公。

弱者才习惯把自己不能坚守而被现实磨灭的梦想,当成世界欺骗自己的理由。而强者,却把自己的梦想熬成了别人眼里的鸡汤。

谁的成功不是栉风沐雨?谁的人生不是披荆斩棘?

后退一步，我们也不会输掉人生

谁不曾心比天高呢？

几年前，一场高考粉碎了侄女的梦。学习一向不错的侄女，梦想考上一所名牌大学。以她的实力，完全有可能。高考前的几次模拟考试，她的成绩也足够稳定。可谁曾料想，高考发挥失常，让那所大学成了只能仰望的目标。没办法，侄女只好退一步，面对现实。还好，她的成绩过了一本线，她想能考上一本大学就行了。可因为高考志愿没填好，她只能走个二本学校。面对复杂多变的现实，侄女只能一退再退，放弃曾经高远的目标，接受生活给予的一切。

同事小青是个漂亮姑娘，她的择偶标准也很高，一定要满足"高富帅"三个条件。小青在众多追求者中仔细比较、筛选，总想找一个条件最好的。可是，千挑万选，始终没有她满意的对象。随着年岁渐长，小青也开始面对现实，降低自己的条件。不能找到"高富帅"，找个"高帅"总可以吧，富不富不是很重要，将来两个人可以一起创业。谁曾想，又高又帅的男人也是稀有动物。小青又说，男人帅不帅不要紧，个子高高的，看上去才有英武之气。可小青依旧没找到合适的男朋友，于是她再退一次，放弃了所有的所谓条件。最终，小青找的男朋友不富不帅也不高。

表弟一直有一个梦想，就是杀入一线城市，做个城里人。他大学毕业后，一心想留在北京。他很努力，但是事与愿违，工作上几番波折，再加上北京过大的生活压力，单是房子的问题就没办法解决，于是，他改变了主意，去保定市里发展。从农村走出去，如果真的能在市里扎下根来，也就算混得不错了。谁知，他到了市里，换了几次工作，都不理想。最后，他不得不退一退，决定回到县城。朋友也劝他，县城里人脉资源丰富，有利发展，况且在小地方生活，人容易满足，幸福指数高。最终，表弟留在了县城工作，一干就是7年。

忘了从哪儿看到过一句话，意思是说，我们之所以能够活下来，就是因为我们肯一退再退，没有让生活把你逼向绝境。我想，这个世界上是没有绝境的，只要你肯退一退，总能找到属于自己的风景。

退一退，虽然是一种妥协，却也未尝不是一种顺其自然的生活智慧。当我们退到一个合适的位置时，可以稍事调整，再整装起飞，奋力奔向理想之境；也可以随遇而安，享受这个位置的安逸与自在；还可以把这个位置当成美丽的风景，用心经营。

我的侄女上了一所二本大学，但她没有放弃，依旧努力，几年后考上了北大的研究生。同事小青与不富不帅也不高的老公一起生活多年了，很是恩爱。表弟在小县城里将自己的事业做得风生水起，如今算是小有成绩。

即使退一退，我们也不会输掉人生。相反，可能会领略到别样的人生风景。放弃了心比天高的奢望，与生活面对面谈谈心，退一退也没什么不好的。

成功不重要，重要的是成长

成长，是每一个人都要面对的话题。在成长的道路上，我们会经历很多，获得很多感悟，尝到各种各样的滋味。有酸，那是成长的本味，成长的过程因它而耐人回味；有甜，丝丝沁入心田，让成长之路更加令人向往；有苦，谁的成长之路上没有荆棘、坎坷？成长因这些滋味而丰富多彩，若没有了它们，成长的过程注定是苍白而缺乏厚度的。

成长是青春时期的主题，但成长并不是青年人的专利。只要拥有一颗上进并善于感悟的心，那么你就时时都能长成，处处都能成长。

请在3分钟的时间内阅读完下文，掌握文章的大意。

还记得我第一次采访基辛格博士，那时我还在美国留学，刚刚开始做访谈节目，特别没有经验。问的问题都是东一榔头，西一棒子的，比如问：那时周总理请你吃北京烤鸭，你吃了几只啊？

后来在中美建交30周年时，我再次采访了基辛格博士。那时我就知道再也不能问北京烤鸭这类问题了。虽然只有半小时，我们的团队把所有有关的资料都搜集了，从他在哈佛当教授时写的论文、演讲，到他的传记，有那么厚厚的一摞，还有七本书。都看完了，我也晕了，记不清看的是什么。虽然采访只有27分钟，但非常有效。

真是准备了一桶水，最后只用了一滴。但是你这些知识的储备，都能使你在现场把握住问题的走向。

这个采访做完，很多外交方面的专家认为很有深度。虽然我看了那么多资料，可能能用上的也就一两个问题，但事先准备绝对是有用的。所以我一直认为要做功课。我不是一个特别聪明的人，但还算是一个勤奋的人。通过做功课来弥补自己的不足。

我做电视已经17年了，中间也经历了许多挫折。这让我很苦恼，因为我觉得自己已经这么努力了，甚至怀孕的时候，还在进行商业谈判。从小到大，我所接受的教育就是：只要你足够努力，你就会成功。但后来不是这样的。如果一开始，你的策略、你的定位有偏差的话，你无论怎样努力也是不能成功的。

后来我去上海的中欧商学院进修CEO课程，一位老师讲到一个商人和一个士兵的区别：士兵是接到一个命令，哪怕打到最后一发子弹，牺牲了，也要坚守阵地。而商人好像是在一个大厅，随时要注意哪个门能开，他就从哪出去。一直在寻找流动的机会，并不断进出，来获取最大的商业利益。所以听完，我就心中有数了——我自己不是做商人的料。虽然可以很勤奋地去做，但从骨子里这不是我的比较优势。

在我职业生涯的前15年，我都是一直在做加法，做了主持人，我就要求导演：是不是我可以自己来写台词？写了台词，就问导演：可不可以我自己做一次编辑？做完编辑，就问主任：可不可以让我做一次制片人？做了制片人就想：我能不能同时负责几个节目？负责了几个节目后就想能不能办个频道？人生中一直在做加法，加到阳光卫视，我知道了，人生中，你的比较优势可能只有一项或两项。

在做完一系列的加法后，我想该开始做减法了。因为我觉得我需要有一个平衡的生活。我不能这样疯狂地做下去，所以就开始做减法。那么今天我想把自己定位于：一个懂得市场规律的文化人，一个懂得和世界交流的文化人。人在失败中更能认识自己的比较优势。当然我也希望大家付出的代价不要太大就能了解自己的比较优势和缺陷所在。

这一辈子你可以不成功，但是不能不成长。

我想说的是每个人都在成长，这种成长是一个不断发展的动态过程。

也许你在某种场合和时期达到了一种平衡，而平衡是短暂的，可能瞬间即逝，不断被打破。成长是无止境的，生活中很多事是难以把握的，甚至爱情，你可能会变，那个人也可能会变；但是成长是可以把握的，这是对自己的承诺。

我们虽然再努力也成为不了刘翔，但我们仍然能享受奔跑。

可能有人会阻碍你的成功，却没人能阻止你的成长。

换句话说，这一辈子你可以不成功，但是不能不成长！

退一步，也有大智慧

张之洞长得不帅，个子也矮，初任湖广总督时，很多人根本不把他放在眼里。当地的一名画家甚至拿他开涮，画了一幅"三矮奇闻"的水彩画，画上的三个矮子分别是张之洞和他的两位同事。此画一经展出，立即引起社会广泛关注，成为大家茶余饭后的谈资。如此诋毁朝廷重臣、败坏总督名声，连属下都看不下去了，要求总督大人把这个画家抓起来，关进大牢严刑拷打。以张之洞当时的权力，抓个画家当然是小菜一碟，可是，他却选择了"退一步"，居然自己掏腰包，把那幅闹得满城风雨的画给买了下来。此举让轻视他的画家佩服不已，从此对他毕恭毕敬，再没有诋毁之作传出。

清末怪杰辜鸿铭是名副其实的"学历帝"，一共拿了13个博士学位，精通英、法、德等9种外语，通晓文学、法学、儒学、工学。可能是因为学历无人能及，所以辜鸿铭的狂妄也前无古人。张之洞非常欣赏此人，常找机会和他聊天，可是辜鸿铭毫不领情，嘲笑奚落之语不绝于耳。张之洞还是选择了"退一步"，他不但没有打压辜鸿铭，还处处保护他。此举让辜鸿铭感激不已，从此跟随张之洞长达20年之久，成为最忠实的幕僚。

张之洞和李鸿章是死对头，李鸿章的哥哥李瀚章也顺理成章成为张之洞的政敌。张之洞从两广总督调任湖广总督时，接替他位置的人恰巧就是李瀚章。一路上，李瀚章的心里都在打鼓，两广本来就贫穷，张之洞在任时又做了不少大事，粗略算一下，财政亏空应该有2000万两银子，相当于国库三年收入的总和呀，这个烂摊子让人如何收拾？因此，见面时李瀚章根本没给张之洞好脸色。出人意料的是，在交接财务时，张之洞却说："省库还有200万两银子，都留给你用吧。"李瀚章惊得张大了嘴巴。按说，二人是政敌，张之洞即使有盈余也不会给他留分文，没想到张之洞"退一步"，为李瀚章的上任铺平了道路。至此，李瀚章对张之洞再也恨不起来，日后还帮张之洞躲过了一次弹劾。

在得理时，没有咄咄逼人更进一步，而是弯下腰来后退一步。正是这后退的一步，让张之洞得到了百姓的尊重、获得了才子的效忠、化解了政敌的仇恨，让他最终成为晚清历史上的一代名臣。

"退一步"是一种交际智慧，更是一种人生智慧，它能让你少走许多弯路，更快地到达目的地。

梦想不灭，你还在路上

每个人都有梦想，或大或小，或近或远。可是，为什么有的人能梦想成真，有的人却迷失在了半路上？

[1]

琳琳打电话告诉我她自己的蛋糕店就要开张时，我在心里由衷地为她高兴。因为，并不是每个人都能将梦想保持多年，并且最终实现。从高中跟她做同桌时起，我就知道她喜欢烘焙。我在电话里说，"琳琳，你真幸运，想做的事就能做成，真让人羡慕。"

她说，其实并不容易。上大学那会儿，她从生活费里抠出钱去学做糕点，但父母不愿意她鼓捣那些面糊糊，这个小梦想也就这样搁浅了。毕业后，她顺从地进了一家文化公司，成了你在写字楼里常能见到的那种光鲜白领，头发梳得干练油亮，职业装整洁笔挺。可一下班，她立马换了个人，套上围裙，挽起袖管，一头就扎进了面团里。她不光做常见的口味，还很有创意地将自己喜欢的口味进行各种混搭，常常给人出其不意的惊喜口感。

父母看她是真喜欢这行，也就退让了，同意她开一家很小的小店，先试试看。

"你知道我是怎么撑到今天的吗？"琳琳说，"在无数个想要放弃的时候，我都在心里想，我还有个梦想没实现呢。太好了！我得想办法去实现它。然后，就觉得浑身充满了干劲儿。如果没有这个信念，估计这个店也开不起来吧。"

[2]

大宁，理工男一枚，学的是自动化，大学毕业后做了工程设计的工作，心中的梦想却是搞摄影。他拍得一手好照片，最喜欢在大马路上拍行色匆匆的人。"我常常在想，那一个个早出晚归、步履匆忙的人，衣饰不同、表情各异、神态有别，背后会是各自怎样精彩的故事……"

几年下来，他积攒了好几千张照片。他的作品多次登上报纸、杂志、网站，也拿过一些大大小小的奖项。不久前，还在一个朋友的帮助下，办了个摄影展。虽然规模真的很小，但也算有模有样。

"梦想成真的感觉爽吗？"我问他。

"还成。接下来希望能有更多机会去其他城市拍一拍，或者尝试一些别的主题吧。"大宁似乎蓝图在胸。

我跟他打趣说，"你这还有完没完啊？"

他说，总是觉得有事儿做，说明我有想法、有激情、肯努力，说明我心态不老，还对生活怀有憧憬，还对这个世界抱有好奇，这有什么不好？

[3]

不久前去爬华山，因为刚下过雪，路面结冰湿滑，走得格外小心翼翼。时间也就这么被耽搁了，最后只好西峰上、北峰下，其他几峰都没能登临，心中怅然若失。

下山路上，遇见几个遭遇相同状况的年轻大学生，却是一路有说有笑，很开心地拍着沿途雪景。其中一个小伙子说，从小就在小说中看华山论剑，说华山险峻，"自古一条道"，就很想亲临实地亲身感受。今天来了，见到这么壮美的景色，已经实现了心中所愿，为什么不开心？

"可是，并没有登上最高峰啊。"我毫不掩饰自己的失落。

小伙子说，"那多好啊。如果这次就把所有风景都看遍，可能下次我就不会有这么大兴趣了。留点遗憾，说不定我明年就会再来。或许是在春天，或者夏天，那会儿肯定会是完全不同的景致。"

越过山丘,才知道是否有人等候。也是越过山丘,才会发现远方还有更多的山峦。我们不能奢望每一座都能登顶,但只要一直走一直走,总能不断攀上新高度、看到新风景。

[4]

不管是始终未偿夙愿,还是不断有新的目标,心中怀揣梦想总是值得尊敬、令人感动的事。

只是,我们也常常听人说:我想考某某学校的研究生,但是复习资料好多,我怕自己不行;我想出国游学,但我的英语真的很烂,只好放弃了;我想有一个更苗条更健康的身材,但健身好累,我常常会偷懒;我已经很久不写东西了,此前我一直觉得自己能当作家的……

心想事成,只是一种美好的祈愿。现实的压力、鸡毛蒜皮的琐事、周遭的变故,包括人的自我成长,都会挤压梦想的空间。我们是从什么时候开始,一点点对困难妥协,慢慢放弃了自己的目标?

虽然,不管如何坚持、如何努力,我们也未必都能完全实现最初的梦想。但我很喜欢这样一句话:"也许梦想存在的意义并不仅仅只是为了拿来实现的,而是有一件事情在远远的地方提醒我们,我们还可以去努力变成更好的人。"

只要生命还在,人生就会一直铺展。梦想不灭,就说明你还走在路上,可能明天就会实现。谁知道呢?

目标再紧迫，也请慢慢来

Cicy26岁的生日，也是她在北京独自打拼的第二年。想着她刚刚结束一场漫长的异地恋，我特地请了假从上海飞去陪她。简简单单的一桌菜，一个小小的蛋糕，两瓶红酒，两个人一直窝在沙发上聊到深夜。

"事业特别迷茫，感觉没什么成长空间，也看不到晋升机会。想辞职转型，但不知道自己想做什么适合什么。如果要转入陌生领域从头学习，又担心自己选错行业方向后悔。"

"觉得自己很难再遇到合适的对的人。常常加班，几乎没有时间、精力谈恋爱经营一段感情。有时候甚至觉得自己要做好一辈子一个人过的打算了。"

"房租的涨幅比工资涨幅还快。好多好多琐碎事情和世俗压力不断积压。开始很担心爸妈的身体健康。"

"有时候真的感觉好累好累。特别是生病一个人深夜去医院看急诊的时候，开始怀疑自己的人生，质疑自己为什么要只身来一个陌生城市打拼。"

……

吐槽归吐槽，无奈归无奈。我俩也清楚地知道，宿醉后的第二天还是要打起精神来，还是要回到各自的生活轨道上，像陀螺一样运转。

我一头扎进厚厚的靠枕里："以前大人总提'中年危机'，瓶颈期压力大。可我们才20多岁呢，怎么就这么迷茫焦虑了？"Cicy说，这大概就是所谓的"四分之一人生危机"吧。

20多岁时经历的人生危机感，大概是说人生依旧拥有可能性却又不太吃得准自己是否能实现，不确定能否成为想要成为的人，还有没有足够年轻的资本去挥霍，去随心所欲。

我们慢慢会意识到，前面没有什么东西可以让自己依靠，因此不得不开始依靠自己。也意识到，再没有任何方向可以参照，也意味着必须摸索出属于自己的方向。无数次地想要按下人生的暂停键，停一停整顿一下糟糕的自己，却又身不由己被生活浪潮推着往前赶。

Cicy不止一次地说过，她特别佩服她的前任总监，35岁，两个小孩的妈妈。每天早上提前半小时来公司，处理邮件事务并开始安排一天的工作。即使是同时顶着几个项目的压力，也依旧保持优雅淡定，细致有条理地规划好行事历；即使是临时要给老板进行重点工作汇报，也从容不迫地泡上一杯绿茶，打开本子整理好思路，迅速列明报告提纲；即使被借调去处理全新领域的项目，也不急不躁，召集下属开会了解新领域的问题和项目的进展，有条不紊地推动新项目的落实。

最难能可贵的是，"日理万机"的总监还坚持每天给两个孩子用心做丰盛早餐，晚上回家给孩子洗澡，听两个娃娃发表"浴缸演说"，安顿好孩子睡觉之后开始看书，打点家里的花花草草，用水果烘干机、榨汁机、烤箱等等做些简单的健康零食，有时间的话还自己准备一份明日的午餐便当。

后来因为丈夫工作调动，Cicy的前任总监也便辞职一同去了美国。35岁的年纪，她申请了哥伦比亚大学的硕士，带着两个孩子，一边在学校念心理学硕士，一边在美国公益组织开始实习。

"为什么人家带着两个娃娃还能这么优雅淡定？为什么人家能从容不迫地安排好时间，有条有理？为什么人家有胆有识，对自己的人生有着清晰的规划？"我刚下飞机打开手机，便跳出Cicy的一连串语音消息。

说实话，Cicy的一连串问题我也回答不上，因为这也是我最最困惑的地方。我也羡慕身边那些年长成功人士的优雅淡定，钦佩他们身上那种我学不来的从容不迫，厌恶自己的迷茫痛苦、慌里慌张。

也许，此时此刻所经历的"四分之一人生危机"，恰恰就是上天的用心安排，是每一个年轻人的人生必经阶段。

我们父母一辈人大多在20多岁的时候就已经完成了婚姻家庭和事业的选择，也很快从一个懵懵懂懂的学生少年进入了稳定成人角色的过渡阶段。然而我们面临的情形和他们截然不同，城市化水平提高，教育程度也更普遍，原本成人期该做出的许多承诺和责任都被推迟了，而从青春期开始的、对于自身角色的探索期，则被持续拉长。

被拉长的探索期里，显著特征便是对未来的迷茫痛苦、频繁的变化、对人生可能性的种种未知。经历过这样的跌跌撞撞，才知道自己内心所向；经历过这样的迷茫不安，才会不断逼着自己前行，探索新领域新环境；经历过这样的窘迫尴尬，才耐得下性子沉淀积累，埋头前行。

记得Cicy的前任总监有一次回国后跟她吃饭，微笑着听完Cicy对于自我人生的怀疑和迷茫困惑，一如既往地优雅。她告诉Cicy，"年轻人，不要急。你正在经历的痛苦迷茫也正是我曾经经历过的阶段。你要知道，那个时候的我也是不断挤时间上完有关时间管理、组织架构和领导力提升的课程，补充各种新技能，才能够慢慢掌控好自己的工作节奏，渐渐学会有条不紊地梳理工作的轻重缓急。"

对于大部分人而言，二十几岁时个体的生活状态、角色身份一直是不稳定的、混乱的。只有慢慢接近三四十岁，向成熟期过渡的几年里，这种混乱、不稳定的状态才会得到缓解。而很多人在追溯自己二十多岁的年华时，通常发现自己往往在那时做出一些对一生都会有持续影响的决定，比如伴侣的选择、事业道路的明确等等。

所以，这一时期的迷茫与纠结恰恰是宝贵的必经之路，不断尝试探索、跌跌撞撞、体验经历，才让我们在进入稳定不变的三四十岁之前，更清楚自己喜欢什么、不喜欢什么，从而为自己做出更好的决定，完成对爱、工作、世界和自我身份的认知。

任何人与事的成功都无法一蹴而就，每一阶段的抵达，身后都是一步一个脚印的积累。只要不急不躁，耐心努力，保持对新事物新领域探索的好奇，就是行进在成为更好自己的路上。

好好花心思打点自己的外形，慢慢改善自己的生活态度与求知欲，跟上新科技新技能的潮流，保持阅读与运动来丰富自己的内在。要相信，你所向往的优雅从容终将如期而至。男神女神所拥有的一切，你也终将得到。慢慢来，请别急，生活终将为你备好所有的答案。

人生竞赛，拼的是终点

所谓的人生起跑点，就是人们的出生环境，含着金汤匙出生的人，比别人赢在了起跑点，但即使如此，却不能保证能够赢在终点，所以才有富不过三代等说法。赢在起跑点的人，不一定能够赢得人生最后的胜利，而输在起跑点的人，也有可能在人生这场马拉松里，赢得胜利。

输在起跑点的人，想赢在终点，就必须比其他人做更多事，付出更多，虽然输了出生环境的人生起跑点，但每一天却可以比别人都赢在起跑点上，例如每天早起一小时阅读，就是赢在每天的起跑点上，当你能够每天都赢在起跑点，就有可能赢在终点。

每天赢在起跑点，是输掉人生起跑点的人获胜的唯一方法，出生贫穷的人，只有每天比别人做更多事、学习更多、付出更多，才有机会成为富有的人。只要养成早起的习惯，就能多赢一点，从结论来说，大概是在三点半，即使考虑了其他条件，但想五点半更早起床，基本上是不可能的。

早上3点起床，像这样过度极端的早起生活形态，可能会造成"睡眠障碍"，所以并不建议。早起的习惯虽然看似是小事，但是如果每天都早起一小时，一年下来就比别人多利用了时间365个小时，累积久了，就能逐渐拉开与别人的差距。习惯，在后面推动着我们的人生。你每天的小习惯将决定你的人生。

养成好的习惯，也是让自己赢在每天的起跑点的另外一种方式。如果你目前遇到了重重的困难，一定是你没有思考真正问题的所在，以至于无法克服。要让成功变得更容易，就要想办法让习惯成为自己的助力，有了好习惯，做事情就会变得更有效率也更容易。成功是一种习惯，相反的，失败也是一种习惯，人生就像是一场好习惯与坏习惯的心理战。

人生输在起跑点，其实没什么关系，因为你可能因为输在起跑点，而让你比别人有了多一点的企图心、毅力、决心……输在人生的起跑点，并不一定是坏事，有时候甚至是好事。你可能曾经大学联考考不好、学校能力分班时进入不好的班级、被老师盖上不良学生的印章、成绩常常拿不及格、在别人眼里总是一个失败者，但这些都没关系，重要的是你愿不愿意为了比别人赢在终点而努力，重要的是你有没有足够的决心努力学习，替自己赢在人生的终点。

我们常常听到人说，要赢在起跑点，其实没有赢在起跑点也没关系，只要能够赢在终点，从哪里起跑根本一点也不重要，如果你无法赢在起跑点，那么就想办法让自己赢在终点！

卑微的起点，也能腾飞

罗恩·梅耶尔15岁那年，从高中辍学，整天泡在台球馆或到附近的健身馆打拳击，要不就是和街上的小混混四处游荡。成年后，他听从母亲的劝告，报名加入了海军陆战队。

在部队期间，有一段日子他因患麻疹被隔离了。在被隔离的那些日子，母亲给他送来了两本书，一本是小说《安博公爵》，讲的是街头帮派里孩子们的凄惨经历；另一本是人物传记《人肉贩子》，讲的是一个星探的光辉一生。后来，梅耶尔回忆说："读完这两本书后，我意识到，我再也不是从前那个无知的少年了，我要改变我的人生。"

退伍后，梅耶尔锁定了自己的人生目标：成为一名经纪人，让自己的人生也像《人肉贩子》里的那名星探一样光辉，甚至超越他。决定目标后，他去了所有的知名星探公司面试，但一次又一次被拒绝。

他做过餐厅侍者、临时厨师、复印机油污清洁工，还做过鞋类推销员。"只要有工作干，我就会全力以赴。我做餐厅侍者，就要做最好的餐厅侍者。"他的这种态度给人留下了深刻的印象。

在一个服装店工作时，梅耶尔突然接到了保罗·科纳经纪公司的电话，他们的送信员辞职了，问他愿不愿意接手。梅耶尔知道送信员就是跑腿的，但这份工作可以接近他的目标，所以他毫不犹豫地答应了。

幸运的是，梅耶尔的工作除了送信外，还负责给保罗·科纳开车。保罗·科纳是一名知名的经纪人。梅耶尔在开车时能听到许多有用的信息，他学到了很多东西，也了解了不少明星。在离开保罗·科纳经纪公司时，梅耶尔已经基本了解了这一行，不过，他认为自己仍然需要学习实际操作的内容。

随后，他加入了威廉·莫里斯经纪公司，一干就是五年多。在这段时间里，梅耶尔建立起大量的人际关系，他的客户包括萨莉·斯特拉瑟斯和罗布·赖纳这样的当红人物。1975年，梅耶尔离开威廉·莫里斯经纪公司，创办了自己的公司——创新精英文化经纪有限公司。公司虽然只有他和四位同事，却一举成名，经手了好莱坞众多传奇人物，如麦当娜、史泰龙、汤姆·汉克斯、汤姆·克鲁斯等。

这一切都是与梅耶尔的优势分不开的：他太了解这个行业，太会和人打交道了。他建立人际关系的脚步从未停止过——派对、宴会、电影放映和录音现场这些场合，只要受到邀请，他都尽可能地参加。

20年之后，好莱坞环球影城把指挥棒交给了梅耶尔，这个职位远远超越了他年轻时候的梦想。但是，梅耶尔说，他永远不会忘记自己卑微的起步。

有些梦想，你没必要死抱着不放

其实我过去一直梦想成为一名歌手，觉得唱歌比写作酷炫多了，在台上哼一段旋律，一颦一笑，直接迷倒众生。

4岁时参加亲人的婚宴，我拿着话筒咿咿呀呀地唱当时的最热单曲《常回家看看》，艺惊四座。我小学时有10本厚厚的歌词本，几乎收入了华语乐坛的所有经典曲目。初中时坐校车放学，我在摇摇晃晃的角落里现场作词、编曲、瞎唱，用手机录了好多首demo。我拜访过小镇唯一的声乐老师，每周一路小跑去她家上课，放开喉咙唱"民族"、唱美声，震得小区车鸣一片。高中时逃课，躲在洗手间里掏出手机玩"唱吧"，年级主任直接闯进女厕把我拎出来。

压根儿没正式登台唱过歌，却不知自信从何处而来，那时觉得自己简直是天才，将来一定妥妥地在作家圈、传媒圈、娱乐圈多栖发展，贴地飞行，石破天惊。

进大学不久，我参加了人生的第一次唱歌比赛，唱《夜夜夜夜》。结果没一句在调上，副歌直接飞到九霄云外，引得嘘声一片。

佯装镇定下台，脑袋一片空白。

不甘心，一个月后我找机会又在台上唱了首《囚鸟》，撕心裂肺喊到高潮时，看到了观众们尴尬的表情。我后来实在喊不下去了，大脑缺氧，心乱如麻，跟大家说了句"开心就好"，仓皇下台，难过到极点。

难过是因为从没意识到自己不会唱歌。原来击碎我梦想的，不是什么怀才不遇、生不逢时，而是没天赋、没实力。

这太讽刺了。

我是后来用了很长时间，才慢慢接受了自己在音乐上的平庸。不过，我忽然轻松了。

　　好在，这个梦想的包袱放下了，我还有别的梦想，我会竭尽全力保护好其他包袱，送它们去往真正的终点，这就是对不切实际的梦想最好的殉葬。

　　前几天，2016年"超级女声"的编导找我，问我要不要参赛。有那么一瞬间，我短暂地幻想过，找个师父卧薪尝胆突击几天，我会不会焕然一新地站在台上，贴地飞行，石破天惊？

　　而身体里另一个声音忙着打岔：别做梦了！

　　就这样，一分钟后，我跟编导说："对不起，我不会唱歌。"

　　从前对唱歌这件事心怀敬畏，和一群人"唱K"一定唱最拿手的，别人夸我两句就飘飘然，觉得自己真是当歌手的料。现在走在哪儿随便唱，在KTV也嘶吼得不顾形象，开心就好。从前好想变成舞台上摄人心魄的歌者，现在觉得，做个走心的听众也不错。

　　认清自我的局限性之后，反倒更珍惜自己现有的才华，更珍惜那些微弱的光亮。

时机未到，不要为怀才不遇而懊恼

到过美国黄石公园的人，都会记得那里有大片大片茂密的松树林，其中最常见的一种松树叫"屋梁松"，因为它最适合做房屋的栋梁而得名。这种松树的松塔可以挂在树上好几年也不脱落，而且屋梁松松塔的鳞片也不会张开。这些鳞片只有在强大的高温作用下才会绽开，释放出种子。

春季到来，天气转暖，当别的种子在沃土中生根发芽、甚至长成树苗的时候，屋梁松的种子仍然被紧紧地包在松塔里，过着暗无天日、与世隔绝的生活。如果你是一颗屋梁松的种子，你是否会叹息命运不公，诅咒束缚自己的松塔呢？

然而，大自然这样的设计是有道理的。夏末秋初，如果当年雨水少，森林中发生山火的可能性相当大。在山火来临的时候，整片整片的树林被烈火吞噬。同时大火的高温也打开了屋梁松松塔的鳞片，释放出储备已久的种子。由于有坚固的种皮保护，这些种子可以平安度过危险。

山火过后，被烧过的动植物为土壤留下了丰富的养分。由于没有其他树木的竞争和遮蔽，这里的空间、阳光、水分也异常充足，为屋梁松的种子创造了最适合的生长环境！第二年春季，在一片灰烬中，这些希望的种子破土而出，不久满山遍野就全是屋梁松的幼苗了。

正因为每次火灾过后，屋梁松总能最早占领"地盘"，它们渐渐成为黄石公园里分布最广的树种之一。这一切都是那些把种子锁在黑暗里的松塔的功劳！

时机未成时，请不要为怀才不遇而懊恼，也不要怨恨环境的束缚。这些或许是你生命中的松塔，在帮你积蓄力量，等待最适合的时机。只要拥有希望的种子，总有一天，你蓄积的精华将在熊熊烈火中迸发，你将会是废墟中第一个站起来的"屋梁松"。

这个世界，所有的问题都能解决

这个世界上总有解决问题的方法。觉得胖就减肥，身体弱就锻炼，写不好文章就多写。也许经过一万种尝试之后，你和我一样仍然有些微的自卑。但至少，我们终于能够坦诚又宽容地爱这个不完美、有些胆小却总在进步的自己。

作为一个鲜在社交网站上发布照片的人，我曾经深刻地反省，根本原因是不是因为我如今仍然自卑。这也正常，长相差强人意，身材马马虎虎，总有一些自卑的理由。

有时候看偶像剧，看别人的高中生活都风生水起、热烈恣意，我的心底常常愤恨难平。因为纵观我的青春期，简直可以用"灾难"二字来形容。那时候我是个小胖子，经常因此而受到朋友们的调侃。比如我站在窗前忧郁地说："学习太累，真想跳下去一死了之。"朋友立马接一句："别，别把地球砸穿。"

胖意味着我很难买到合适的衣服，你永远不能指望一个常年穿深色运动服的女生能好看到哪里去。胖不说，我还经常生病，一个月里总有好几天的时间要吃药甚至打针。生病带来的不适给了我一种很消极的暗示，即使窗外的阳光再好也觉得心头昏暗。

所以我不仅羡慕那些花枝招展、袅袅婷婷的艺术班的女孩，我甚至羡慕一个从不生病、走路矫健的女同学，她看起来永远那么活力满满。除此之外，我还不会唱歌，不会跳舞，不会任何乐器，几乎没有任何特长。所有属于青春少女的光芒，一到我这里就变成了一派黯淡。

这样那样的原因让我无比自卑。每次语文老师让同学们上台朗读时，就是我最恐慌的时间。即使不脱稿，我也能感觉到自己在不停地打哆嗦。台下几十双眼睛，每一道目光都像探测灯，让我的紧张和心虚一览无余。

上了大学之后，我参加各种活动，慢慢地克服了自卑，但这却是被逼的。那时候我们班有个认真负责、积极踊跃的团支书，一心为班级的荣誉着想，但凡有什么比赛、竞赛，她总在不打招呼的情况下给我们报上名，以此来逼迫行为散漫的我们去参加比赛。

所以我"被加入"了长跑队，"被报名"了朗诵比赛、演讲比赛，甚至被迫参加了我最害怕的数学竞赛。每次我要打退堂鼓的时候，她都严肃地批评加温柔地鼓励，硬生生地将我推上战场。终于有一天，我发现自己站在台上时不再紧张害怕，即使即兴演讲也能游刃有余。当然，我也不是一天就变成这样的。

每逢比赛，我先是一遍一遍地背诵演讲稿，这样，就算再紧张我也能凭借记忆里的惯性连贯地顺下来。后来我到越来越多的人面前演讲，听她们给我提意见，然后一点一点地对着镜子练习、改正，终于我也变成了一个有台风的人。

从那之后，我终于知道，许多人并非天生能侃侃而谈的，他们和你我一样，在人后练习了无数遍，才终于得以侃侃而谈。我也不知道自己是在哪一刻战胜自卑的，但一路走来，我觉得真正的成长是一个让自己越来越有底气的过程。

这种底气，有时候不仅仅在于考多高的分数、拿多好的offer，而在于积淀了多少足以让自己不忧不惧的东西。在克服自卑的路上，我不过是用了最笨拙的三个方法：学习、读书、思考。即使现在告别学校开始工作，学习仍然是最能带给我底气的方法。

掌握一项新的技能，考过一门含金量高的资格证书，在工作中不断地积累行业经验，这种学习当真是"逆水行舟，不进则退"的。学习或许不能立竿见影地为你带来一份高薪的工作，但至少给了你找到高薪工作的可能性，也顺带着给了你用高薪工作来证明自我价值的可能性。

有人觉得读名著没有用，读心灵鸡汤更有立竿见影的效果。可我总觉得，也许一篇心灵鸡汤能让你在一瞬间燃烧起了斗志，可很难指望它去拯救一颗卑微的心。反倒是那些流传了数百年的名著，那些隐藏在字里行间的真挚、善良与美好，足以让你在暗自哭泣时，因为一个遥远的、未曾谋面的、惺惺相惜的人也曾走过相似的痛苦而心存余温。

我想起自己在情绪波动、忧郁绝望时度过的日子，是那些书拯救了我。那些伟大的、踽踽独行的灵魂，甚至那些充满力量的只言片语，成了我最好的止痛药。读书也总是能够让人产生一种错觉。一个人一生的悲欢离合在五六百页的书中便可尽述，而你以造物主的姿态俯瞰万物时，眼下的痛苦不过是漫长人生河流中一朵最微不足道的浪花。

忘了是哪个哲人说过："思考是人与人之间最后的区别尺度"。在这个信息爆炸的时代，越来越多的人沉迷于微博上的搞笑动态图和段子，沉迷于一遍遍地刷新朋友圈查看他人的最新动态，却鲜少有人愿意在人潮拥挤的嘈杂生活里像古人一样"吾日三省吾身"。可思考如此重要，它几乎是最深刻的成长方式。他人走过的路只是参照，从自己的跌倒中思考为何会跌倒才能让自己走得更加顺遂。

曾有人发邮件问我："你是如何变得这么内心强大的？"我回复了简单的一段话："受伤，但不让每一场伤痛白挨，反复思索，一点一点地积累经验和教训，并努力将他们变成要义。看书，读史，相信时间的魔力，由此确信此刻自己的微弱痛苦之于一整个曼妙人生不过是瞬间。聊天，体会他人的生活，借鉴他人的经验，思索自己的人生，由此让自己的精神生活越来越丰厚。"

我当然不是天生就内心强大，不过是在一路走来的过程中，总结了这些所谓的要义。这年头，大家都依赖"鸡汤"甚至"鸡血"，殊不知，真正给人带来自信的绝非仅仅"鸡血"。工作之后，经常要向领导汇报工作、发表感言。最开始，一看到台下一群西装革履、严肃无比的领导也会紧张，后来的解决方法倒不是上台前给自己拼命打"鸡血"，而是在台下认真地查阅资料，一遍遍地修改工作总结，再往前推——也不过是将工作做得更好而已。

如此才有了些底气，去坦然面对台下那一双双炯炯有神的眼睛，从容应对他们的各种问题和质疑。所以，克服自卑、懦弱和紧张的方法，不过是通过自己对自己的磨炼，变成一个更好的自己，变成一个让人心悦诚服的自己。

这个世界上总有解决问题的方法。觉得胖就减肥，身体弱就锻炼，写不好文章就多写。也许经过一万种尝试之后，你和我一样仍然有些微的自卑。但至少，我们终于能够坦诚又宽容地爱这个不完美、有些胆小却总在进步的自己。

只抱怨不改变，才是真正的无能

每天夜班回家时，小区胡同口都可以看见一个卖麻辣烫的。摊主是个小伙子，他自己调的酱味道很特别，隔三岔五会在他那儿吃一碗。小伙子很健谈，每次吃麻辣烫时，他总会和你聊半天。

问他收入高不高。小伙子说，还行啊，不比你们上班差，只是比你们辛苦啊。他说的没错，每天傍晚出摊，现在夜市上卖，等夜市散场了，又转道我们小区门口，每天晚上2点左右收摊。只要天气不是太差，小伙子基本每天都出摊，一个月下来，1万多的收入。

这个麻辣烫的小摊只有他一个人"维护"，白天睡醒了，在家把东西准备准备。老婆主要是看孩子，偶尔打打下手。这么算下来，也没有其他人力成本，小伙子收入确实可以。

一开始我总以为他是"新生代农民工"，在老家种地没意思，才来到城市里摆摊挣钱。有一天他说，他是读过大学的，不过学校不好，只是个专科。毕业后"无爹可拼"，再加上学历不够硬，没工作可干。回到老家更是找不上工作，毕竟在这个城市读了几年书，相对熟悉这个城市的情况，干脆还是在这里落脚了。毕业三年多，摆这个麻辣烫的摊一年半，之前还做过各种杂七杂八的活计，不过挣钱太少。

听他说自己也是大学生的那一瞬间，有一些"震惊"。说"震惊"或许也不完全准确，毕竟现在大学毕业找不上工作的人太多太多，摆个麻辣烫的摊也不稀奇。但我还是挺受触动，也许是因为小伙子的乐观吧。从没听他抱怨过什么，也没听他感慨过，如果知道自己只能卖麻辣烫，当初何必花那么多钱上大学。

有一天和几个朋友吃饭，大家都在感慨现在的大学生找工作真难。

尤其是对家境不好的年轻人来说，花了那么多的钱，耗费了几年时光，到头来出路竟然和同乡没上过大学出去打工的年轻人一个样。但是，又不完全一样。没上大学直接去打工的，他们都"认命"了，毕竟当年成绩不好没考上大学；可是这些上过大学的，怎么能轻易沦为和农民工一样的遭遇呢？无论如何，自己也是"投资"过大学的。

有人呼吁，大学生不是找不上工作，他们可以去当搬砖工啊。我写文章明确反对过这种观点。在当下的中国，大学生就业远不是"找一份工作"那么简单，解决了就业者的"吃饭问题"之后，它还有着更大的附加值。工资高低暂且不说，工作背后的社保、医疗，以及未来孩子的教育问题，不同性质的工作带来的"回馈"简直是天壤之别。举个简单的例子，一个公务员与一个搬运工的未来能是一样的吗？谋得了公务员的岗位，多少可以给自己一个可期许的稳定的未来，而一个搬运工的未来是什么？谁又能给他一张明确的生活路线图呢？毕竟，那些走进大学校门的人都是期许"鲤鱼翻身"的。

明确反对这种观点，那是因为如果过度强调大学生就业的观念误区，过于把板砖都拍在大学生身上，真正是"社会问题"反而被忽视了。处于转型期的中国，户籍和社保是就业不能绕开的问题。这二者限制了劳动者在城乡之间、地区之间自由流动，制造了就业机会上的不平等，正是因为面临择业的大学生深知其中厉害，故而更要拼命地挤入提供城市户籍和完善保障的单位。在这种情况下，毕业生根本无法在城市和基层、热门单位和普通企业单位间进行有效分流。一方面是基层对人才求贤若渴，另一方面北上广等大城市却不得不一而再再而三的提高"进城"门槛。原因是什么，无非是地区、城乡之间的巨大差距，带来了财富和权力上分配的不平等。

其实，在我反对"大学生当搬砖工"的时候，我也会想起小区门口那个卖麻辣烫的小伙子。理论上你不能去赞同"鼓励大学生去做搬砖工"，但现实中，如果无处可落脚，那必须先找个能吃饭的活。十多年前我毕业那会儿，就业远远没有现在艰难，但老师还是强调"先生存，后生活"。

作为个体，大的"时代病"我们暂时改变不了，可是我们必须先让自己能"好"起来。"有爹可拼"的人可以直接去做公务员，"无爹可拼"

的人可能只好先去卖麻辣烫。我们必定心存不满，但这个世界本来就充满着不公平，而很多不公平常常就在眼前闪现。如果一味地去抱怨，而不是试图改变自己所能改变的境况，那只能把自己的生活搞得更糟。

老弟也是一个学历不高的人，但他在北京打拼，生活尚可。刚毕业那会，住过地下室，在城乡接合部租房子，工作换了一个又一个，后来竟然换到了外企。他常说自己"运气"好，可我知道，如果只是抱怨，而不是试图改变自己，想方设法挖掘自己的潜力，好的机会永远都不会到来。老弟在外企中做设计，他的"设计"能力完全是大学毕业后自学的，然后靠着自己的作品进入了这家外企。我相信运气的成分，但我更相信努力和吃苦这二者必备的因素。

一位朋友对我说过，"抱怨是无能力的表现"，这话有些"极端"，但我越来越相信它的"合理性"。遇到过一些"只抱怨不改变"的人，其实只要他们吃一点苦完全可以改变自己并不满意的境遇。

很多的问题，对"大社会"来说是"有解"的，但对于"小个体"来说暂时是"无解"的。在"无解"的境遇中，人总要寻找一些突破口，尽管这个突破口在理论上或许不该成立。就像小区门口那个卖麻辣烫的小伙子，从理论上讲，上完了大学，卖麻辣烫不该是他的归宿。可是在现实中他只能这么"突破"自己。我不知道他有没有未来，但至少他拥有着这个阶段还能说得过去的收入。

有时候总会看一些名人的演讲，我知道那些励志的心灵鸡汤不能完全化作生活教科书。但他们会告诉你一些态度。其实，对待这个世界的态度，和你征服这个世界的技巧，一样重要。我们总应该心怀那么一点希望，相信生活的无限可能性。在一个并不完美的社会里"画地为牢"，毁掉的只能是自己。

只有努力，才会有好运气

这几天，好些朋友来和我交流写文章的经验。我从两个月前开始在网上写文，第二篇文章就有幸上了微博热搜，转发破十万，后来陆陆续续写过一些转发很广的文章，前几天一篇文章仅在一个公众号上就已经点击破百万。我算蛮幸运的。于是不少人来问我，有什么心得吗？

我真的说不出什么来。讲来讲去，也就是"内容为王"和"很幸运"这两句话了。

其实，还有未曾说过的。比如，别人看到我是写了短短两个月，就攒到了两万关注，只有我自己知道，我写了岂止两个月。我收到第一本样刊在2006年。到现在，满打满算快十年了。这些年里，我收过的样刊摆满了书架。今年过年回家，我试图把新的样刊放进去，发现已经塞不下了。

可是，就像我会把样刊封存在角落里的书架一样，我一直讳谈自己是个写作者。如果有亲戚朋友问起，我都只推说自己是写了玩玩的。其实我写得很认真，却不愿提及这份认真。因为我害怕，怕被问起笔名，对方得知后茫然地摇摇头，说没听说过。十年之间，我陆陆续续换了几个笔名，躲在无人知晓的一隅，写着无人问津的文字。

得知我在写文的朋友们，最经常问的是："你出过书吗？"抱歉，没有。我想写长篇，编辑A对我说："你没有名气，所以你如果想写，我们只能让你替有名气的作者代笔。"我拒绝了。

后来在一家杂志连续发表了一些文章，编辑B跟我约长篇。我每天想梗想到凌晨，几易其稿，好不容易折腾出详尽的人物设计和大纲给她，她却再也没跟我提过。这件事就此被搁置了。

我想出一本自己的短篇小说合集，把十几篇文章发给编辑C，C对我说："你粉丝不够多，我们要慎重考虑。"一考虑，就是大半年毫无音信。过了很久后我再问她，这才得知，她一直晾着我的稿子，还没有送审。

有一个因为写作而认识的朋友，走红了。有一天，我突然想起，之前每天都在朋友圈发自拍的他，似乎销声匿迹了。我好奇地点进他的头像，发现里面什么消息都没有，只有一条浅灰色的横线，休止符一样。我这才知道，原来他已经屏蔽了我，或者删除了好友。

遭到冷遇的经历，三言两语难以言尽。可是说真的，即使时时碰壁，我也从没有想过要停笔。

其实，我是一个挺务实的人，甚至有点功利。但是对文字，我却秉着超乎寻常的耐心。我不敢说"十年如一日"，但过去的这些年里，哪怕我知道可能再怎么写都摆脱不了小透明的命运，哪怕我知道自己可以拿写文的时间去做性价比更高的事情，我也从来没想过要放弃。

印象最深刻的高中时代，我租住在学校附近，学业压力繁重，自然没有人支持我写东西，于是我就偷偷地写。那时候我还没有笔记本电脑，便跟闺蜜借电脑，顶着冬日刺骨的寒风，骑车去附近大学的自习室，一个人一写就是一整天。听着键盘被敲击时发出的微弱响声，我会有一种莫名的满足感。

我随时随地将生活中的故事记录下来，即使最后大部分没能成为素材，现在看着那些生活记录，会有一种"噢！我原来还经历过这样的事情"的奇妙感慨。

寂寂无闻的漫长岁月里，我靠着一份愚钝的热爱，一直坚持到现在。如果说两个月攒到两万关注是幸运的，那如果把战线拉长到十年，或许就没多少人会羡慕我了吧。

去年在中国台湾，我遇到一个身障者。他在人烟稀少的山上开了一家餐饮店，从当初的无人问津，做到如今风生水起，很多文人雅士慕名来访。记者的长枪短炮架在他的面前，问他是如何做出这个传奇品牌的。他说了这样一句话：做就对了，做久了就对了。

人人羡慕他的幸运，才开餐厅没几年就备受关注。谁曾知晓，起步阶段，所有事情都要他一个行动不便的身障者亲力亲为，甚至连抽水马桶都要亲自打扫。他特地用手机拍下被自己打扫得光洁如新的坐便器，投影到屏幕上，在分享会时，乐呵呵地说："辛苦，但心不苦！"我竟然听得鼻子泛酸。

还遇到一个即将退休的导演，他说的两句话，让我印象极深。他说："喜欢什么，就把它玩下去，玩一辈子，就对了。"他还说："要有耐心，恒心。"每当想起这话时，我心中总是涌起一阵感动。他的话，对每一个追梦的人来说，是慰藉，亦是鼓舞。

我的云盘里，有个文件夹，叫"英雄梦想"。里面存放着我曾经写过的所有文字，有被录用的，有被拒稿的，林林总总，许许多多。

杜拉斯有这样一句话——爱之于我，不是肌肤之亲，不是一蔬一饭。它是一种不死的欲望，是疲惫生活中的英雄梦想。

我把文字当作我疲惫生活里的英雄梦想。它曾经是藏在书柜里、无人看见的小小梦想，如今是被小小的一撮人订阅着的小小梦想。即使只是这样小小的成绩，我也深感自己非常幸运。因为这世上一定还有很多比我还努力的人，获得的关注却寥寥无几。

我有一个好朋友，十九岁就出第一本书，可以说是幸运儿。可是鲜有人知，她是在实习上下班的地铁上，写完了一本书。

我有一个喜欢的作者，几年前，她的主职是会计师事务所的审计师，工作忙碌，但她一直坚持写作，甚至有时候地铁上挤得连座位都没有，她就站着拿着电脑打字。

这样的人，受到命运的青睐，也在意料之中。

我看过一个朋友的采访，当时他在的团队拿了一个全国性比赛的金奖，采访者问他们为什么能取得这样的好成绩，他们归结于"幸运"。于是，采访者写下了这样一段话——幸运，从来都是强者的谦辞。每个幸运者的背后，都有着与幸运无关的故事。

　　我非常钦佩那些靠努力付出得来成绩，却愿意归功于走运的人。他们很少在朋友圈发一些自怜求安慰的内容，心无怨尤，往往默默地把事给做了，却从不居功自傲。他们没有人定胜天的骄横，对生活永远抱着一种感激的、谦卑的心情。就算有天生幸运，也只有这样的人，当得起此等幸运吧。

　　有句话说，你只有足够努力，才能看起来毫不费力。而我想说，你只有足够努力，才有机会拥有好运气。

他们不再有恩怨，在这儿，他们是真正的朋友。

[第二辑　与你不喜欢的人同行]

敢于邀请不喜欢的人，

信赖不喜欢的人，

让不喜欢自己的人和自己不喜欢的人

成为主要合作对象，

并且成为真正的朋友。

从宽处理

香港作家亦舒有篇文章叫《从宽处理》。

文章大意是说,她的生活哲学是"宽松处理法"——买衣服不要那么紧身,大一码好了,会觉得很舒服;和人约会,时间不要定在大清早,以免他人紧张;写作时,实在写不出长篇,就写个短篇好了,不要对自己太严格……

欣赏这种人生态度:对人、对己、对世间事物都宽松一点,宽大一点,宽容一点。

对自己从宽一点,不要无谓挑战自己的压力承受限度,完不成的工作就暂时放一放,天不会塌下来;钱赚得少就少吧,少买点奢侈品,生活依然可以继续;不想去应酬就关掉手机,在家里发发呆睡睡觉,也比强颜欢笑好;出点小纰漏,不必太自责,谁能永远正确呢?身体健康就不要盲目节食减肥,美食是莫大的享受,为了别人夸自己身材好看,就掐断与美食的亲密接触是多么不值啊!生活已经不容易了,对自己宽大点,人生才不会那么无趣。

对家人宽容点,别抱过多的期望。亲人虽然可以帮助你、资助你,但不能永远如此。当他们不能满足你的要求时,看开点,每个人都要养家糊口,都有一肚子心事,他们不是冷漠,而是力不从心。给你帮助是亲情,帮不到你也不能算无情。

对朋友宽大点,别把友情当成跳板和工具。朋友的含义是在你快乐时锦上添花,在你苦恼时听你倾诉,你们无话不谈,相互喜欢,这样就已经足够,除此以外你给朋友附加的所有义务都算强求。

对爱人宽松点,别把婚姻抓得太紧。他事业上暂时不算成功,你不要太多抱怨，只要他一直在努力和上进，总会拼出一番天地；别对爱人奉行"高压管理"，除了管生活小事，还管他的钱包、社交。看重婚姻本没有什么错，只是当你越想牢牢地掌控婚姻，拴住爱人，婚姻却越容易出现危机。

有个小故事很好地说明了这个道理。一个女孩儿问她的母亲："在婚姻里，我应该怎样把握爱情呢？"母亲找来一把沙，递到女儿面前。女儿看见那捧沙在母亲的手里，没有一点流失。接着母亲开始用力将双手握紧，沙子纷纷从她指缝间泻落，握得越紧，落得越多。待母亲再把手张开，沙子已所剩无几。女孩看到这里，终于领悟地点点头。婚姻的道理与此相似。要想让婚姻长久、美满、幸福，就不要每天盯着、看着、防着、握着。

人这辈子不容易，对己对人好一点，人生才会越来越好；对己对人都宽一点，人生之路才会越走越宽。

自信才低调

在媒体和网络的时代，一个人只有高调才会叫人看见、叫人知道、叫人关注。高调必须强势，不怕攻击，反过来愈被攻击愈受关注，愈成为一时舆论的主角，干出点什么都会热销；高调不仅风光，还带来名利双赢，所以有人选择高调。

但高调也会使人上瘾，高调的人往往离不开高调，像吸烟饮酒愈好愈降不下来，降下来就难受。可是媒体和网络都是一过性的，滚动式的，喜新厌旧的。任何人都很难总站在高音区里边，所以必须不断折腾、炒作、造势、生事，才能持续高调。

有人以为高调是一种成功，其实不然。高调只是这个时代的一种活法。当然，每个人都有权选择自己的活法，选择什么都无可厚非。

于是，另一些人就去选择另一种活法——低调。

这种人不喜欢一举一动都被人关注，一言一语也被人议论，不喜欢人前显贵，更不喜欢被"狗仔队"追逐，被粉丝死死纠缠与围困，被曝光曝得一丝不挂；他们明白在商品和消费的社会里，高调存在的代价是被商品化和被消费。这样，心甘情愿低调的人就没人认识，不为人所知，但他们反而能踏踏实实做自己喜欢的事，充分地享受和咀嚼日子，活得平心静气，安稳又踏实。你问他怎么这么低调，他会一笑而已；就像自己爱一个人，需要对别人说明吗？所以说：

低调为了生活在自己的世界里，高调为了生活在别人的世界里。

文化也是一样。也有高调的文化和低调的文化。

首先，商业文化就必须是高调的，只有高调才会热卖热销，低调谁知道谁去买？然而热销的东西不可能总热销，它迟早会被更新鲜更时髦的东西取代。所以说，时尚是商业文化的宠儿。在市场上最成功的是时尚商品。人说时尚是造势造出来的，里边大量五光十色的泡沫，但商品文化不怕泡沫，因为它只求当时的商业效应，一时的震撼与强势，不求持久的魅力。

故而，另一种追求持久生命魅力的纯文化很难在当今时代大红大紫，可是它也不会为大红大紫而放弃一己的追求。它甘于寂寞，因为它确信这种文化的价值与意义。

我很尊敬我的一些同行的作家。在市场称霸的社会中，恐怕作家是最沉得住气的一群人。他们平日不知躲在什么地方，很少伸头探脑，有时一两年不见，看似在人间蒸发了，却忽然把一本十几万或几十万字厚重的书拿了出来；他们笔尖触动的生活与人性之深，文字创造力之强，令人吃惊。待到人们去品读去议论，他们又不声不响扎到什么地方去了。惟其这样才能写出真正洞悉社会人生的作品来。

作家天生是低调的。他们生活在社会深深的皱折里，也生活在自己的心灵与性情里，所以看得见黑暗中的光线和阳光中的阴影，以及大地深处的疼点。他们天生不是做明星的材料，不会经营自己只会营造笔下的人物；任何思想者都是这样：把自己放在低调里，是为了让思想真正成为一种时代的高调。

享受一下低调吧——低调的宁静、踏实、深邃与隽永。低调不是被边缘被遗忘，更不是无能。相反只有自信才能做到低调和安于低调。

父亲的三句话

童年时，爱玩跳跃游戏，经常约一些小朋友，去跨越院子里那些个头比我们矮的、正在成长中的小树。结果，小树经常被拦腰折断，幸免于难的也生长缓慢，而且严重变形。

那一回，父亲看到我们的恶作剧后，将我拉到一边："你是男子汉，将来要保护弱小的，怎么能欺负一棵比自己矮的小树呢？如果有本事，去爬那些大树，跳那些高墙。"可是，我们哪里是大树和高墙的对手？别说跳跃，就是勉强爬上去，一不小心从上面摔下来，不是挂花就是断胳膊的，大院里早有教训了。等我明白了这一层道理时，父亲就进一步启发我："树和人的道理是一样的。你不要总欺负比自己弱小的孩子，有种的就跟比你大、比你强的人叫板去！"

几年后，我考上了城里的重点中学，第一次离开父母，有些心怯。开学那天，父亲送我到车站就止步了。我有些委屈："别人都是爸爸妈妈送到学校的，你能不能再送我一程啊？"父亲拍拍我的肩："再送也得分别啊。儿子，你长大了，不能处处离不开父母。爸送你三句话，非常管用，你记牢了：第一，不要欺负比你弱小的人；第二，不要首先欺负人；第三，做事要像个男人。"对这三句话，父亲后来是这样解释的：朋友有强弱之分，对于弱者，要像你欺负过的小树一样，"有理让三分"，做男人，就得要学会扬善除恶，平等待人，宽以容人；不要首先欺负人，就是凡事要讲道理，有理、有礼走遍天下；做事要像个男人，就是吃亏、吃苦在先，乐于奉献，敢于承担责任。

那年暑假回老家，看到当年被自己折腾过的小树，已经长得跟屋子一般高，长成我们根本无法再欺负的大树了。我这才明白父亲的苦心：总有一天，小树会长成大树的，到那个时候，我根本无法再征服它。我终于第一次在记忆里的小树面前，感到自己的弱小。这使我想起过往岁月里，被我欺负过的小朋友，他们何尝不跟这棵小树一样呢？是的，不要欺负一棵小树；面对小树，冷静思考父亲的话，都是受用一生的做人道理。

现在，每一次看到绿地上"小树正在生长，请勿打扰"的牌子，我会轻轻从它旁边绕过去。每一次，我都仿佛看到父亲的微笑。

制胜的力量

在开往费城的火车上,中途有一个女人上了车,她径自走进一节车厢,并选了一个座位坐下。这时,她对面的一个男人点燃了一支香烟,深深地吸了几口。女人闻着烟就难受,她故意扭了扭头,轻咳了几声,想提醒对方不要吸烟。可是那男人完全没有注意到她的举动,还是若无其事地吸着。女人忍无可忍,生气地对那男人说:"先生,你可能是外地人吧,这列火车专门有一间吸烟室,这里是不允许吸烟的。"听女人这样说,男人完全明白了,他微笑着,歉意地将手里的香烟掐灭,丢到了车窗外。

一会儿,几个穿着制服的男人走了进来,他们来到女人身边,对女人说:"这位女士,很对不起,你走错车厢了,这是格兰特将军的私人车厢,请你马上离开。"女人惊悚不已,原来坐在她对面的就是大名鼎鼎的格兰特将军,她感到非常害怕。但格兰特将军没有丝毫责怪她的意思,他的脸上依然挂着淡淡的微笑,和蔼可亲地对下属说:"没事,就让这位女士坐在这儿吧。"

格兰特将军的宽容赢得了女人的敬重,他的仁德被人们广为传颂。格兰特将军正是凭着这样一种博大的胸襟征服了手下的士兵,使得他在战斗中攻无不克,在每一次险境中都能化险为夷。

宽容是一种胸怀,是一种风度,是一种美德,更是一种智慧。宽容他人,不但不会令自己的利益和声誉受损,反而会因此赢得人心,得到他们普遍的认可。尤其是对待对手,宽容往往会产生让人意想不到的效果。

林肯在参选美国总统时,他的竞选对手斯坦顿曾想尽一切办法在公众面前侮辱他,让他丢脸出丑,还编造出各种各样的谣言诽谤他、污蔑他,破坏他的形象。为此,林肯吃尽了苦头。但最终林肯还是击败了斯坦顿,顺利当选为美国总统。正当所有的人都以为斯坦顿从此就要倒霉时，他却意外地被林肯委任为参谋总长。林肯的宽容和大度彻底感动和征服了斯坦顿，在后来的工作中，斯坦顿总是身先士卒，尽心竭力，以此报答林肯的知遇之恩。几年后，林肯被暗杀，全国人民在悲痛之余，用了许多赞美的话来形容这位伟人。其中，斯坦顿的话最有分量，他说："林肯是世人中最值得敬佩的人，他的名字将流传万世。"

在生活和工作中，我们难免会与亲人、朋友、同事发生摩擦，产生各种误解、纠纷、仇怨等，如果处理不善，就可能使矛盾升级，使自己处于被动不利的局面，甚至还会让自己陷入无边的烦恼，生活和工作都蒙上一层阴影。

宽容别人，其实也等于给了自己制胜的力量。事实证明，宽容大度的人更能得到别人的尊重和帮助，从而使自己生活得更愉快。

留一扇感恩的门

赵辉打电话让我去赴饭局，在胡同区的涮鱼馆，典型的小吃店。

原来他有个老乡，儿子大学毕业找不到工作，求到赵辉头上，赵辉就把他安排在自己的保险公司，小伙子出于感激，请他吃饭。

小伙子来了，见我们早到，又激动又歉疚。赵辉介绍我，这是你姚叔，他在单位管后勤，手下足有一个车队，你好好敬他酒，争取把他的车险抢过来。

我这才明白，赵辉把我拉来，原来是醉翁之意不在酒。小伙子越发感激，他敬我酒时，脸红红的，不知是因为喝了酒还是拘谨。

赵辉的话题从没离开他们的小村，他摸了一把小伙子的头说，我上高中时，你还吃奶呢。赵辉又说，回去给你父亲捎个好，就说快麦收了，你家树上的杏也该熟了吧，我朋友特爱吃杏，他指着我说，下周一上班给他捎一篮子来。

小伙子爽快地答应了，说绝对没问题，说话、喝酒也显得洒脱了，这时一看，原来竟是个很讨人喜欢的孩子。

事后我问赵辉，不就是给人家找了份工作、揽了点业务嘛，就吃人家喝人家，还跟人家张口要东西，显得多不仗义。

赵辉没正面回答，也没反驳我，而是给我讲了一段他的经历。

赵辉高考落榜那年，父亲七转八拐，亲戚托朋友，朋友托熟人，终于找到一个八竿子打不着的远房亲戚帮忙，来到现在这个保险公司，做了个临时工。

刚上班没几天，正好远房亲戚来公司检查工作，赵辉从人群中发现了，挤进去，红着脸亲热地叫了声"姨父"，那人一愣，疑惑地看了一眼，又扭头看身边的公司头头，头头说，您说的那个临时工，已经来上班了。亲戚哦了一声，看都没看赵辉，径直上了楼。

赵辉尴尬地站在那里，有种说不出的怪滋味，搅得心里难受。后来父亲让他登门去感谢人家，赵辉拿了土特产去了，却连门都没能进去。赵辉想，一定是礼轻了。下次再去，用刚发的工资买了两瓶酒，这次人家不但没收，反而恼火地说，你把我们当什么人了？连人带酒被推出门外。

赵辉竟有了种受辱的感觉，尽管知道这样想不对，可总觉得人家高不可攀，从而加重了自己的自卑，也更加感觉，自己得到的是一份施舍，这一辈子都欠着人家，再也无法在人家面前抬起头来了。后来赵辉努力打拼，转了正，还做了部门经理，但只要一想起那亲戚，仍会自卑不已。

因为自己的经历和感受，赵辉同情弱者，乐于助人成了习惯。和别人不同的是，他每次都不愿意"白帮"，或多或少都要贪点"回报"。最典型的就是，他常回老家去"扫荡"，今天从张家装半袋子花生，下次从李家拎半篮子红薯。多是人家主动给他的，他从不推辞，客套话都不说。这些人，大都受过赵辉各种方式的帮助，比如找工作、在城里跑关系，或者借了他的钱，还有被资助的穷学生，等等，他都接受或主动索取了"回报"。因为他发现，他越是这样，人家反而越高兴，和他越亲近，彼此心里都很舒服。比如，他听说村里独居的王老大房子总漏雨，就从钢厂要了一车炉渣，又买了石灰，掏钱找个小建筑队，给老人的房子做了炉渣石灰顶。临走，竟以不容商量的口吻，对眼含热泪的老人说，您给我做双千层底的布鞋吧，我早晨散步时穿，那鞋城里买不到。据说，老人为做这双鞋足足忙了一个星期，但逢人就说，是给小辉做的，我还以为我这把老骨头，这辈子不能报答他了呢。说时眼角眉梢都是笑。

赵辉说，一个人如果心里憋屈，有怨、有恨，找不到发泄或疏通的出口，早晚会憋出病来，这道理都知道。可是，谁又曾想过，除了怨和恨，感激虽然是一种健康的情绪，但也需要释放，如果找不到出口，照样会把人憋出病来。这道理也很简单，简单得就和空气需要流通一样。

乐于助人无疑是一种美德，而同时给人创造知恩图报的机会，给每一颗感激之心留一扇门，更不失为做人的美德，因为你给了人家双重的快乐。

没和爱因斯坦喝过酒

日本有位非常著名的导演，叫北野武，最近在微博上看到了一则关于他的逸事，觉得非常有趣。

北野武说，成名之前，他非常渴望买一辆好车。成名以后，就买了一辆保时捷。但是，他发现，开保时捷的感觉没有想象中那么好。至于原因，他说，开车的时候，"看不到自己开车的样子"。于是，他专门请朋友开自己的车，至于自己，则打了一辆出租车，在后面紧跟着。在出租车上，北野武对司机说："看，那是我的车！"

这个故事耐人寻味。我想了很久，揣摩出两点意思：其一，大家都爱慕虚荣，艺术家也不例外；其二，满足感是别人给的，所以人们需要更为弱势的参照系。

北野武的故事是否真实，我不得而知。我只是想，如果属实的话，不知当时那位司机是怎么回答的。如果他大肆称赞，北野武估计会非常开心。但，如果他保持沉默呢？或者，他干脆拉着长腔来一句"哦……"没准，北野武的心会凉到脚后跟。

每个人都需要观众。换言之，大家都期望从他人的眼里揣摩自己的分量。即使是生活最潦倒不堪的人，也在意身边的闲言碎语。当然，他和所谓伟大、光荣的人一样，也时刻扮演着闲言碎语制造商的角色。

想当年项羽终于攻破咸阳，有人站出来奉劝项羽定都咸阳，成就霸业。但，项羽却积极要求回家。他的紧迫心情，让人感觉吃惊。项羽说："富贵不归故乡，如衣绣夜行，谁知之者！"

项羽是世家子弟，身为楚国的贵族，但项羽一家没落已经数十年了。此时此刻，他终于咸鱼翻身了。不回家与乡人团聚一下（或者干脆说庆贺庆贺）怎么成？

只是，螳螂捕蝉，黄雀在后。革命尚未成功，项羽不再努力，最终被人家打败了。

虚荣心人人都有，但满足虚荣心的方式并不相同。齐国有个"犀利哥"，虽然穷却混了两个老婆。这位老兄每天吃得满面红光，回家之后，就向老婆夸口"我今天又和谁一起喝了酒"。某日，小老婆尾随其后，发现此老兄每天到墓地里去，向祭奠死者的人乞讨残羹冷炙！他醉醺醺的好脸色，竟然是这样得来的。

某地有暴发户，乃社交圈子里的活跃人物。酒足饭饱归来，每每大肆宣扬："我今天又与谁一起吃饭了……"某次，有人私下里感慨，称爱因斯坦如何如何了不得。此老兄喝了两杯酒，头脑不大清醒，当着众人的面来了一句："爱因斯坦是谁？没和他一起喝过酒。"马上引起哄堂大笑。他，确实没和爱因斯坦一起喝过酒。

拧干抹布擦桌子

李宏从一家名牌大学毕业以后,凭着在校期间优异的学业成绩和出色的实践能力,顺利地走进一家著名的大公司,做了一名人人羡慕的白领。

上班第一天,主管告诉他,他现在还处于见习期,这段时间没有什么具体的工作,每天要做的就是在办公室里打扫卫生。李宏没有任何怨言,每天一大早,他就第一个来到公司办公室,先是拿起扫帚仔细地扫干净地面,然后用拖把很小心地拖一遍,最后又拧干抹布,把每张办公桌都擦得一尘不染。

同事们走进办公室,看着眼前整洁一新的办公环境,都会夸赞李宏几句。李宏便会憨厚地笑笑说:"应该的,能给大家服务,我很高兴。"当然,也会有人酸不溜丢地讥诮他几句:"想不到,一个大学里的高才生,做起保洁员来还有模有样啊!"这时,李宏也总是一笑置之,并不放在心上。

那天早上,李宏像往常一样,把打湿的抹布拧干,细致地擦拭着办公桌。这时,主管陪着老总走了过来。老总望着干干净净的桌面上,一丝水痕都没有,不禁连连颔首,对主管说:"不错。"然后对着主管耳语几句,就匆匆离开了。随后,主管高兴地拍拍李宏的肩膀说:"小伙子,告诉你一个好消息,因为你的出色表现,老总决定提前结束你的见习期,把你调到总经理办公室担任秘书一职。"在这个巨大的惊喜面前,李宏表现得很平静,他说:"谢谢,我一定会努力的。"随后,主管微笑着对他说:"你知道为什么老总会看中你吗?就是因为一个细节:每次你擦桌子的时候,都会用力把抹布拧干,这样桌子上就不会留下水迹。而以前那些刚到公司的新人,他们在擦桌子的时候,抹布总是湿漉漉的,给办公桌留下一大摊水迹，给同事带来很大的不便。老总说，就凭这一点，你就胜出一筹！"

此时，李宏百感交集：把抹布拧干擦桌子，仅仅这样一个简单的动作，竟然给自己带来了人生的契机。有时，一个小小的细节，就足以改变命运啊！

朋友决定你的未来

克里斯是哈佛大学的一名新生，入学之初，他发现室友们非常热衷于玩网络游戏，便积极加入进来。很快，克里斯迷恋游戏到了废寝忘食的地步，因此经常旷课，学业一度荒废得很厉害。父亲发现了克里斯的反常，责令他不许再碰游戏，否则将不再提供生活费。克里斯这才有所收敛，把心思一点点地又拉回课堂。

克里斯的同桌是位富家子弟，两人课间闲聊，颇为投机。从此，克里斯时常尾随这位富家子弟出没于各类舞会、酒会，结交漂亮女孩。这期间，克里斯谈了3次恋爱，没有一次超过3个月，不仅弄得身心疲惫，而且债台高筑，几门课都未能通过考试。

在父亲的痛斥下，克里斯决心痛改前非。大学二年级，他发现班里有一名叫马克的同学整天埋头摆弄电脑，学习成绩却仍然很好。克里斯观察了一段时间，惊奇地发现，马克既不是在玩游戏，也没有网聊，而是在编设一些稀奇古怪的程序。对网络共同的兴趣很快让克里斯与马克成为好友，有一天，马克说，他想创建一个"哈佛校内社交网站"，问克里斯是否有兴趣共同参与。克里斯当即表示愿意。于是，他们利用课余时间，建立起了名为Facebook的网站，谁也没想到，刚一开通就大为轰动，几个星期内，哈佛一半以上的学生登记加入会员，不久该网站就扩展到美国主要的大学校园。微软总裁比尔·盖茨爱才心切，高薪邀请Facebook团队的主要成员加盟微软，克里斯颇为心动，因为盖茨一直是他的偶像。然而，马克说，我们的梦想是互联网，微软靠的是Windows，我们应该继续走自己的路。作为马克的创业伙伴和好友，克里斯最终决定留在Facebook。

经过几年的努力，Facebook创造了自己的神话，全球注册用户超过5亿，其中包括英国女王伊丽莎白二世和美国总统奥巴马。2010年美国《福布斯》杂志评选全球十大青年富豪，26岁的马克·扎克伯格位居榜首，而同为创始人的克里斯？休斯自然也加入了亿万富豪的行列。

前不久，《纽约时报》采访克里斯，请他谈谈与马克·扎克伯格的友情。克里斯说："如果没有认识马克，或许我还是一个深陷游戏和舞会不能自拔的年轻人，或许我现在正在为谋得一份工作而发愁。结识马克，改变了我的一生，因为与一个注定要书写传奇的人交往，你自己怎么可能平庸无奇呢？"最后，克里斯善意地提醒那些涉世未深的年轻人：交什么样的朋友就有什么样的未来，你的明天就在自己的身边。

千万别炫耀

马超是东汉名将马援的后代,曾经与曹操、刘备的大军交过手,皆不分胜败,刘备招降他之后,对他相当赏识,没多久便任命他为平西将军、都亭侯。之后,马超便开始自命不凡,自觉情同刘备的知己、手足,也不太注意君臣之间应有的礼节。

有一次,他和刘备谈话时,居然在满朝文武面前,直呼刘备的名讳,与刘备一起打拼多年的"核心幕僚"听着十分刺耳!关羽实在气不过,想要杀了他,但刘备不同意。这时,张飞说:"如果不杀他,也要教他懂点礼节,注意点分寸!"

言教不如身教,所以,他们决定给马超来一次"机会教育"。

第二天,刘备召集所有部将开会,关羽和张飞都刻意提前到达,持刀恭敬地站立在刘备的两旁,马超进来后,看见"前辈"关、张二人没有就座,这才恍然大悟,有些尴尬地退到一旁。

此后,马超再也不敢嚣张,成了刘备蜀汉朝中不可或缺的大将。

"搞不清楚状况"是官场、职场中的大忌。我们常常看到,有些人受到上司的赏识与重用,便不自觉地得意忘形,虽然这种意气昂扬,大都是"粗线条"的个性,并没什么不对,但自以为已是权力核心的"入幕之宾",进而睥睨群雄,甚至与上司称兄道弟起来,便可能为自己的职场、官场生涯埋下危机,最终难以继续混下去。

所以说,得意之时不能随意,否则恐怕很快就会变成失意,落得前功尽弃。

唐朝安史之乱时,名将李光弼与史思明隔着黄河对阵。心高气傲的史思明为了展现他雄壮的军容,故意每天将他千匹上等好马放在黄河边吃草洗澡。面对史思明的这种具有挑衅性质的"遛马"行径，李光弼觉得他既幼稚又好笑，于是想杀杀他的锐气。

李光弼命令部下找来五百匹母马，等到史思明再次"遛马"的时候，便将这群母马全部放到城外，而将这些母马所生的小马拴在城内，和母马分离的小马便群起在城内嘶叫。有趣的是，对岸的马匹受到震天马鸣的影响，像是受到召唤一样，竟然纷纷渡过黄河，蜂拥进入城内。而河的另一边，损失了近千匹好马的史思明气得差点儿吐血。

炫耀，虽然只是突出自我的一种表现，不过却带有攻击的性质，因此，很容易碍人眼、刺人眼，进而遭到悲惨的命运。

所以，任何有意或无心的炫耀都是犯忌，都有可能带来负面的影响与麻烦。

让别人保住面子

白起是战国时期秦国著名将领。他一生征战近四十年，南挫强楚，东取韩赵，为秦王朝的统一大业立下汗马功劳，被封为武安君。

公元前266年，秦国大举攻赵。因当时白起有病在身，只好由王陵率兵出战，结果连战连败。白起病势稍有好转，秦昭王就指令他去取代王陵。白起向秦昭王分析了当时的状况，认为不易出战。可是，秦昭王不听劝告，遂令他人出征，结果惨败而归。

白起说："国君不肯听我的，如今怎么样呀！"

就是这句话极大地触怒了秦昭王，他将白起削职赶出咸阳。当白起行至咸阳西5公里的杜邮时，秦昭王的使臣追了上来，赐剑逼其自杀。为秦国立下了赫赫战功的一代名将，就这样自杀身亡。

韩非子曾说：龙作为一种动物，驯服的时候可以骑着玩。但是它喉下有一片逆鳞，如果触动了它，必然会受到伤害。在专制制度下的国君同样也有这么一片逆鳞，谁触犯了它，同样没什么好下场。

白起南征北战，驰骋疆场40年，毫发未损，最后却死在了自己的主子——秦昭王的手下。原因何在？是因为他触犯了国君的那片逆鳞，这片逆鳞就是秦昭王的面子和威信。身为兵家，白起竟然不明白这个道理，那么他的悲惨下场也就不足为怪了。

面子是一个人的尊严，很多人利益可以失去，但面子不能失去。它代表一个人的地位，所以你若当面羞辱某人，某人因为觉得被别人看笑话，很没面子，他是有可能为此和你拼命的！

也许你会说，面子问题太虚伪了！是有些虚伪，但初入社会，忽略这个问题，你就会吃苦头。如果你是个对"面子"冷感的人，那么你必定是个不受欢迎的人；如果你是个只顾自己面子，却不顾别人面子的人，那么你必定会吃暗亏。

这个社会上的人很奇妙，可以吃闷亏，也可以吃明亏，但就是不能吃"没有面子"的亏。所以若想世故做事，必须了解到这一点。这也就是很多老于世故的人受欢迎的原因，宁可高帽子一顶顶的送，既保住别人的面子，别人也会如法炮制，给你面子，彼此心照不宣，尽兴而散。这种情形在官场尤其常见。

年轻人常犯的毛病是，自以为有见解，自以为有口才，逮到机会就大发宏论，把别人批评得脸一阵红一阵白，他自己则大呼痛快。其实这种举动正是在为自己的祸端铺路，总有一天会吃到苦头。

处理面子问题时就要注意到，不要当面羞辱人，包括同事、上司、属下、朋友，尤其是人身攻击的羞辱更是不应该。对某人有意见，应私下沟通，不要当面揭发，以免他下不了台；强龙不压地头蛇，勿越界管人闲事；打狗看主人，勿因意气而羞辱对方的手下；遇到分输赢的场合，手下留情，不必赢得太多；替对方在同事、朋友及上司面前说好话，为他做公关，但不可太肉麻、露骨、刻意；对方有喜庆，主动以适当的方式参与庆贺；适当地吹他、捧他，协助他建立人群中的地位。总而言之，只要心中怀着对对方的尊重，替对方着想，带着能替对方做什么，让他有面子的想法来做事，那么就不至于做出不给面子的事了。

群处和独处

群处守住嘴，独处守住心。实际上是教人如何立身处世。群处守住嘴。沉默是金，这句极其朴素的语言蕴含着极其耐人寻味的道理。沉默并不代表思维停止。深邃的思想往往来源于貌似沉默的思索过程。暂时沉默的人，在沉默中积极思考，在听取中有效取舍，往往能抓住要害，点石成金，足见真知灼见，令人感佩折服。沉默并不代表思想空虚。沉默是一个蓄势等待的过程，大地的沉默是在孕育着金秋的收获，雄鹰的沉默是在等待着振翅高飞。

独处守住心。古人云，君子之心，昭之天下，不可使人不知。如何处理好这些事情恰恰是对人德行的严峻考验。每当夜深人静时，独自内观其心，自己的真实面目就会浮现眼前。经常反思，你就会觉得真我的显现让平时欺瞒你的假我原形毕露，于此中你会羞愧难当，会真正善待灵魂深处的真我。这样形成一种习惯，你的境界就会得到不断提高。所以，古人说，吾日三省吾身是也。

所以，当你遇到快乐时，你要记得克制，因为得意忘形，忘形伤本，忘本失性。当你遇到困惑时，你要退一步思想，因为退一步海阔天空。

要养成群处守口，独处守心的良好习惯！

人生要懂得"让利"

著名收藏家马未都,在中国收藏界素有口碑,他总是能淘到别人淘不到的古董,买到别人买不到的宝贝。他的成功秘诀在哪里?用他自己的话说,就是要懂得"让利"。他在遇到自己中意的古物的时候,也会砍价,但不会大砍,更不会砍到让卖者无钱可赚的程度。恰恰相反,他会根据自己专业的判断,在得出一个合理价格的基础上,再主动加一些,让对方多赚一点儿钱。

如此一来,卖古董的人就会觉得这人好说话,自己和他做买卖,不会亏本,还能多赚一些。以后手里再有其他古董和宝贝,就会首先联系马未都,先请他来看,他不要了,再去联系其他买家。这就是马未都总能先人一步,占领先机的秘诀。

无独有偶,新希望集团董事长刘永好,在谈到自己的生意经时,也表达过做买卖要懂得"让利"于人的经验。在刘永好看来,只有懂得让利,生意才会长久,买卖才会越做越大,钱才会越赚越多。

做买卖需要让利,道理看似简单,做起来并不容易。因为追求利润最大化是生意人的本性,谁都想自己多赚一些,而且是越多越好。殊不知,在很多情况下,你想多赚,别人就会少赚,甚至是亏本,久而久之,就没人愿意和你做生意了,或者你就从对方生意的"重点"合作伙伴成为"一般"合作伙伴了。

做生意需要让利,人生同样需要"让利"。在公司,你不能因为自己能力强,就想把所有的工作都做了,把所有的奖金都拿了,那样以后别人就不愿意和你配合了。在官场,你不能为了自己的升迁而堵死别人的路,让别人无路可走。只有大家都有路走,你自己才会走得稳妥,走得踏实。

人生懂得"让利",不但对自己有好处,对别人有好处,对这个社会和这个世界同样有好处。鲁迅说过:世上本没有路,走的人多了,也就成了路。在一个本来没有路的地方,如果你不懂得"让利",只想一个人走,不愿意让别人走,那么,这条路的形成就会很慢,或者是形成了路,但却很窄,这样你自己也走不好。而只有懂得"让利",允许别人也来走,路才会早日形成,而且会越来越宽,越来越好走。

身边的小人

小人的脸上没有标签,而且,小人与君子的角色可以在同一个人身上交替出现,比如所谓的"先小人后君子"。小人如夏夜花蚊,不胜其烦;没有血性,却嗜血成性;没有武功,出手却凉飕飕。小人乍看无害无毒无味,手里无刀,却可能笑里藏刀,手里无剑,背后却给你冷箭。小人内心阴暗,能量卑弱,心术不正。在偷与盗间,偏向偷;在黑与暗之间,偏向暗;在阴与冷之间,偏向阴。不要鸟枪不用大炮,却会用针;不会雷鸣闪电,却会含沙射影。

我的朋友许小姐,就在她公司遇到过一个人神共愤的"小人"。厌恶她的理由有一筐:比如她极端不敬业,每天真正用于工作的时间不到三个小时,其他时间就躲在屋里嗑瓜子;用公家的电话私聊、搬弄是非;用公司的洗衣机洗自家衣服,甚至亲戚的被单;欺负外方老板不懂汉语,乱写加班时间,多拿加班费;在领导面前极尽献媚之能事,如扪胸做娇羞状送咖啡,而看到公司的保安就像看到空气一样,表情冷淡……

走廊里看见甲去倒水,甲的办公室电话响起,她会去接,看四下没人,明明对方要找甲,她却故意刁难说"没有甲这个人",只因为之前甲开玩笑说她脸上的浓妆艳抹是"局部地区有霜"。她没有自知之明,40岁看起来像55岁,却非要大家达成共识,说她是走清纯路线的美女。

许小姐说,碰到这样表面带笑背后搞鬼的同事,很倒霉。有些坏人还带可爱,甚至酷;而这个同事要说十恶不赦,也谈不上,但厌恶指数却奇高,而且是不安全因素,随时会给你一双小鞋、一个小伎俩,小奸小恶层出不穷。

有人的地方就有江湖,只是没有硝烟的地方,多了一些小人出没的身影,幽魂一般,不好散去。

怎么对付小人?"远离"是第一计,发现小人,及时绕道,惹不起,总可以躲得起,只是你可以躲闪一头大象,却躲不开一只苍蝇。于是有人提出第二计,以毒攻毒,用比小人还小人的办法去迎战小人。只是这样的"牺牲",得不偿失。

有人则干脆认输,"不要得罪小人",甚至,要对小人更好,这样把人际关系里的"短板"解决了,一切就顺风顺水了。不要妄想跟小人斗,绝对斗不过,除非你有绝对的能力,小人才不怕麻烦。

小人经营的是弱者的恶。不妨设身处地想想其难处,这样,我们的同情甚至怜悯,会冲淡我们对其厌恶、鄙视的情绪。

当然,成本最高的是,把自己修炼成一个君子。做小人的反面,魅力光辉可以避邪,顺便也映照到小人的暗影,或许还可以治病救人。

选择你的圈子

不同的家庭出身，不同的文化背景，不同的行业岗位，决定了我们最初的生活圈子。

我认识这样一对来自安徽农村的夫妻，十多年前就带着年幼的儿子来苏南讨生活，每天起早贪黑地卖点心，一个月的利润也就千把块钱。尽管经济上捉襟见肘，但他们过着与其他外地小商贩不同的生活，市中心的住宅房租并不便宜，夫妻俩偏要租住这样的房子，他们还交了一笔不菲的借读费，将儿子送进重点小学念书。

街坊邻居全是中产阶级，出入衣着光鲜，谈吐举止文雅。从搬进来的那天开始，夫妻俩见到人就主动打招呼，还经常拿点心给邻居的孩子吃。起初，谁也没把这家人当回事，只是淡淡地敷衍一下，不过时间一长，大家都觉得不好意思了，渐渐和这对夫妻交起了朋友。儿子在学校里也没闲着，一个学期结束，便和那些家境优越的孩子成了要好同学。

夫妻俩都是有心人，时刻留意着邻居谈话间透露的信息，城里人流行什么口味，哪里的面粉批发价最便宜，哪天城管队会搞突击整治，他们总会比其他小商贩提前做好准备。一些好心的邻居还不时给他们出谋划策，楼上的市场营销老师指导他们如何招揽更多的生意，楼下的房产中介经理以非常优惠的价格租给他们一间门面房，隔壁楼的饭店白案大厨教给他们几个秘制点心的配方。

曾经有好几次，儿子放学回家，带着羡慕的口气跟父母谈论起同学家里豪华的装修、漂亮的汽车、诱人的电玩。夫妻俩这时总会这样告诉儿子："爸爸妈妈赚钱很努力，可是你同学的爸爸妈妈更加出色。不过，只要我们加倍努力，这些东西我们迟早也会有的。"

一晃几年过去，夫妻俩成了老练的生意人，手头逐渐宽裕起来，过上了和邻居相同水准的日子。他们心里有了新的打算，准备搬进富人云集的高尚住宅区。老乡们十分不解，纷纷出面劝阻这种烧钱行为，罗列富人如何为富不仁，如何仗势欺人，如何寡情薄义，穷人倘若做富人的邻居，肯定是要受气的。夫妻俩并不认同这种看法，憨厚地说："穷人之所以一辈子受穷，并不是穷在钱财上，而是穷在想法上。谁都不想受穷，可是要想成为富人，就要学会用富人的思维方式考虑问题，要想做到这点，就得多接触富人，和他们交朋友，才能知道富人在想什么，如何想的，为什么这样想。倘若远远地躲着富人，怎么能够跟上富人的思维呢？这辈子注定只能在穷人堆里瞎混，永远别想挤进富人圈。因此，与富人比邻而居，花再大的价钱也是值得的。"

"痴了，痴了。"老乡们无奈地摇了摇头，苦笑着扬长而去。

时间是最公正的裁判，如今这对夫妻已是身价数千万，在城里开了好几家分店，开上了高档小汽车，儿子也远赴英伦留学。然而，当初和他们一起出来做小商贩的老乡们，依旧守着每月只能赚千把块钱的摊子，时不时地仰天哀叹命运的不公。

不同的家庭出身，不同的文化背景，不同的行业岗位，决定了我们最初的生活圈子。许多人一辈子没有出息，并非不够努力或不够聪明，而是因为没有跳出自己平庸的圈子。圈子的层次往往塑造一个人的成长模式，愚人和智者相处，会变得善于思考，穷人和富人相处，会变得善于理财。一个人和什么样的人做朋友，融入什么样的圈子，是件值得认真对待的事情，有时就能决定自己会有什么样的未来。

与你不喜欢的人同行

1945年4月12日,美国总统罗斯福突发脑出血病逝,副总统杜鲁门一夜之间转正成为总统,但由于罗斯福的专政思想,加上美国副总统一直是个摆设,杜鲁门几乎没有参与过国家任何大政方针的决策过程,他一瞬间感觉压力倍增,"感觉天上的星星、月亮甚至所有的行星全部压在身上"。

杜鲁门必须在短时间内找到一位好帮手帮助自己走出困境,因为当时二战尚未完全结束,欧洲难民工作举步艰难,美国国内失业率居高不下,这一系列问题让杜鲁门彻夜难眠。

他忽然间想到一个重要人物,美国第31任总统胡佛。当年胡佛是唯一在世的美国前总统,他十分了解罗斯福新政,两人也曾多次交锋。如果能够得到他的帮助,简直是如虎添翼。

杜鲁门试着写了一封信,给远在纽约的胡佛,邀请他访问白宫。胡佛当时年逾七旬,但精神矍铄、老骥伏枥,接到在任总统的信时,他感觉不可思议,从来没有一位在任的美国总统邀请前任总统的先例,加上两人分属两个党派。但胡佛愉快地接受了邀请。

周末时分,杜鲁门在家里为胡佛准备了一场私人宴会,规格隆重,史无前例。当时媒体记者们认为杜鲁门疯了,民主党内部也认为杜鲁门是在破坏罗斯福新政,想改天换地,滑天下之大稽。

杜鲁门不解释,而是与胡佛认真地协商国家与国际方面的大事情,胡佛受到了鼓舞,倾囊而助,他提出了原来罗斯福新政时的要点以及目前美国可能面临的困境等,并且提出了许多可行的建议。胡佛与杜鲁门第二天一同会见了记者,他们在记者会上说了两件事情,一是任命胡佛为全球粮食大使，二是准备建立美国前总统俱乐部，胡佛出任第一任领袖。

1946年，被任命为粮食大使的胡佛乘坐德国前纳粹头目戈林的专列抵达西德各地，并进行考察，他撰写了多个报告，随后又奔赴他国，而杜鲁门数次采纳了胡佛的建议。胡佛不辱使命，他的行程扩展到了全世界，行程累计高达5万英里，在杜鲁门的支持下，这位共和党的前总统胡佛会见了7位国王、36位政府首脑以及罗马教皇，胡佛的晚年生活充实且幸福，他不仅完成了使命，同时老有所得。

任务完成后，杜鲁门私下给胡佛写了一封感谢信："您是一个真正的人道主义者，我知道我可以仰赖于您的合作，如果未来有任何必要的事，我将再度恳求您的帮助。"

到这时，杜鲁门和胡佛两人经历了并肩战斗，并播种了友情，他们的合作成为美国历史绝无仅有的案例，获得了一致好评。

其实杜鲁门并不喜欢这个鹰派的美国前总统，这也是罗斯福屡次排斥胡佛的主要原因，但他却敢于邀请不喜欢的人，信赖不喜欢的人，让不喜欢自己的人和自己不喜欢的人成为主要合作对象，并且成为真正的朋友。

后来成立的美国前总统俱乐部，更加印证了这一点，美国卸任的总统们，在俱乐部里自由地安享晚年生活，他们不再有恩怨，在这儿，他们是真正的朋友。

尊重才是真正的善

他出生在一个贫穷的农民家庭,因为穷,10岁才开始上学,常常是学期结束了,学费还没交齐。好在,老师并不赶他出教室,反而提前把书发给他,邻居们这个送件衣服,那个送几个鸡蛋,让他得以断断续续地上完初中。那时候,他就在心里暗暗发誓,以后,自己也要想办法帮助别人。

初中毕业后,他做起了杀猪卖肉的买卖。一天,附近一位衣衫破烂的村民一直在他的肉摊前转悠,既不买肉,也不离开,只是用眼睛直勾勾地看着架子上的肉。

他心里忽然泛起一阵酸楚,小时候家里穷,一年到头吃不上肉,看见生肉就馋得不行,看来,这位村民也和他当初一样。虽然自己现在并不富裕,但两斤肉还是送得起人的。于是,他拿起刀,从架上割下一块肉,顺手递给村民。出乎意料的是,村民并不领情,不但不接他的肉,反而转身就走。

他百思不得其解,拿着肉愣了好半天,看见街上人来人往,他忽然明白了,一定是自己的行为太像施舍,让村民觉得自己是在可怜他。小时候,别人当众递给他一个鸡蛋,他都会觉得难为情呢。

回过味儿之后,他立即拎着肉,一溜小跑,悄悄地跟在村民后面,直到走到一个偏僻的小路上,他才大步追上去,很诚恳地说:"今天肉不好卖,你就帮帮忙,先赊一点,等有钱了再给我。"村民眼圈泛红,接过肉,连声道谢。

这件事让他明白,光有一颗帮助别人的心还不够,还得讲究方式,要让别人乐意接受你的帮助。从此之后,他的举动开始变得隐蔽起来,看到附近村民生活清苦，他会频繁地上门收猪，不管对方有没有猪卖，他都会送上一块肉"贿赂"对方，预定好圈里的小猪仔。

他救下一名溺水儿童，知道对方没钱读书时，干脆认对方做干儿子，这样，逢年过节时，就可以名正言顺地多给孩子零花钱，孩子把这些钱攒起来，学费就有了着落。从小学到初中，"干儿子"就是靠着这些零花钱，一步一步走出了困境。

有人房屋倒了，需要重新修缮，他总是第一个赶到，用收猪打掩护，把钱递到别人手中，说："这钱先存你这儿，以后我盖房时，你也资助一点，不然，我还真盖不起。"别人听了这话，也就不再推托，只盼着他家盖房，即使出不了钱，去出出力也好，可是，他一直住着老房子，从来也没盖过新房。

有人外出打工，只有年迈的父母和年幼的孩子留在家里，生活极为不便。他就和外出者称兄道弟，这样，他就可以没事儿往"兄弟"家跑一趟，送点肉，挑点水，给孩子些学费，老人病了，他急着送医院，抽时间在医院里照顾。别人问起，他就一脸无奈地说："没办法，'兄弟'的父母就是我的父母，兄弟不在家，我能不帮着照顾吗？"……

这些事，他一做就是19年，"地下"工作做得滴水不漏，连老婆孩子都不知道。只是，19年来，他没有攒下一分钱，这让老婆非常恼火，要和他好好"算算账"。结果，那些他曾经帮助过的人，全都站了出来，联名上书，希望有关部门表扬身边的"活雷锋"。

于是，所有人都知道了这个叫赵维富的农民。记者问他为什么做好事却要偷偷进行，他憨笑着说："人人都有面子观念。所以，我帮助别人都不让其他人知道，就是怕我的帮助反而给别人带来伤害，让受帮助的人被嘲笑。"

每份尊严都值得尊重，即使是那些需要帮助的弱者，他们也有自己的尊严，他们的尊严也需要别人尊重，很多慈善家没有注意到的小细节，一个普通的农民注意到了，并且小心翼翼地维护着。帮助别人的同时，努力维护别人的尊严，这才是真正的善。

做人不妨"天天向下",
照样有人喜欢,有人高兴,有人羡慕……

[第三辑 做人不妨天天向下]

"天天向下",

是一种处世态度,

是一种交际策略,

是一种迂回生存之道,

是一种人生哲学。

与天敌共舞

迄今，离开生我养我的农村虽然有20年了。然而，若论起下水田插秧的速度，农村里普通青年都不是我的对手。去年暑假，我回农村老家插秧，只一袋烟的工夫就把侄儿侄女们远远地甩在了后面。侄儿惊得合不拢嘴，说："伯父，别领先我们这么多好吗？父亲会骂我的，说什么农村人干活还比不过城里人，羞死人了。啊呀——你是怎么学会这一手的呢？"

"被蚂蟥逼出来的！"我乐呵呵地说，"想当年，开始学插秧的时候我也是慢慢吞吞的。你奶奶急了，骂我，这样的速度要想在农村有口饭吃，难呐！"

为了让我插秧速度变快，我母亲想出了一个"阴招"，将我带到一块沼泽田里插秧，沼泽田里一年四季都有水，是蚂蟥特别喜欢待的地方。我一下田，一条条小蛇一样扭动着黑色身子的蚂蟥就朝我游过来，最怕蚂蟥的我吓得魂飞魄散，于是左手指飞快地分秧苗，右手指迅速地往田里插，之后飞快地挪动脚步，在蚂蟥还没靠近时就已成功"逃离"。通过与蚂蟥"周旋"，一个月后，我插秧的速度有了长足进展，基本上能和母亲打个平手。

后来，我听老人们说，对付蚂蟥的办法也不是没有。比如说，插秧之前先在水田里撒上大量的生石灰，蚂蟥最怕生石灰，虽然毒不死它们，可也能将它们熏得晕头转向，浑身不舒服，哪里还顾得上去吸人血呢？

想一想，母亲当初为什么不向水田里撒生石灰呢？一辈子与农事打交道的母亲不至于连这点基本常识都不懂吧？那么，只能是另外一种解释了，母亲是"有意为之"啊！让我在水田里"与蚂蟥共舞"，促使我插秧速度突飞猛进。

做人不妨天天向下

"好好学习，天天向上"是一句大家耳熟能详的充满正能量的标语。做学问、干事情，确实要"天天向上"。"天天向上"，是进步的表现，是时代的需要，是成长的标志，是成功的阶梯。如果你"天天向上"，老板满意，领导高兴，老师喜欢，父母欣慰，同事羡慕，对手嫉妒。

然而，笔者在此却想说，做人不妨"天天向下"。

"天天向下"，就是要学会弯腰；就是高调做事，低调做人，放下架子；就是不露锋芒，虚怀若谷；就是不卑不亢，不骄不躁，功成不居。想想也是，刘备甘愿降低姿态，"猥自枉屈"，三顾茅庐，最终请来诸葛亮为他赢得三分天下。

当下正处在一个瞬息万变、"压力山大"的时代，工作会随时调整，生活会不断改变，如果不"天天向下"，不放下架子，只会使自己痛苦，长辈担忧，也失去了前进和上升的空间。如果过分方正，锋芒毕露，睥睨一切，死要面子，死撑架子，不但容易受到挫折，也容易被打倒，就像一块生铁，就像一根干柴，一拗就断，一砸就碎。如果放下架子，会让自己更柔韧，弹性更大，空间更广，成功的机会更多。

现实生活中，有不少人依仗过去的背景、学识、专长，恃才傲物，放不下架子，结果常常落到进退两难的窘境：轻则被领导批评、降职、降薪，重则被单位炒鱿鱼。而有的人，勇于放下架子，低调做人，工作稳定，年复一年，职位不断提升，工资待遇也节节攀升，风生水起，风光无限。

当然，"天天向下"不是低三下四，不是点头哈腰，不是卑躬屈膝，不是引导人们去做那没有原则的谦谦君子。"天天向下"是不露圭角，大智若愚，不矜不伐，戒骄戒躁，谦虚谨慎，小心翼翼，步步为营，默默努力。

总之，"天天向下"，是一种处世态度，是一种交际策略，是一种迂回生存之道，是一种人生哲学。如此看来，做人不妨"天天向下"，照样有人喜欢，有人高兴，有人羡慕……

气　量

北宋的吕蒙正是历史上第一位平民出身的状元宰相，他有敢于顶撞皇上的胆量，也有唯才是举的气量。皇帝虽然生气，却舍不得弃之不用，仍视为股肱之臣。

吕蒙正有个同窗学友叫温仲舒，彼此仰慕，亲如兄弟。太平兴国二年，双双考中了进士。从政后，这哥俩能文能武，敢爱敢恨，下马激扬文字，上马指点江山，成为当时的政治偶像。谁知，温仲舒意外"中箭"，被问责受贬多年，没有"东山再起"。吕蒙正担任中书令后，不忘"发小"情分，多次向太宗举荐，使温仲舒重新走上领导岗位。再入官场的温仲舒，如鱼得水，青云直上。这其中，吕蒙正的赏识和眷顾，起着很大的作用。按说知遇之恩，当涌泉相报。然而，春风得意的温仲舒，自负狂傲，虽有才干，但与自己的兄弟"平起平坐"时，却刚愎自用起来，喜欢自我"炒作"，甚至在吕蒙正触逆了"龙鳞"，皇上正生气时，还利欲熏心，昧着良心，趁机落井下石。

一时间，朝野上下议论纷纷。可吕蒙正闻听后，却说："人非圣贤，孰能无过？只要为国尽力，方向没错，政绩还在，那些小事万万不可记在心上。"他不为名利而争斗，不为歪曲而纠结，让众人肃然起敬。

有一次，吕蒙正在夸赞温仲舒的才干时，知道实情的太宗以为他还蒙在鼓里，就忍不住提醒说："你总是夸奖他，可他却常常把你说得一钱不值呢！"心无芥蒂的吕蒙正笑了笑说："陛下把我安置在这个职位上，就是深知我知道怎样欣赏别人的才能，并能让他才当其任。至于别人怎么说我，这哪里是我职权之内所管的事呢？"

原谅他人，体现了吕蒙正闪亮的人生智慧。他不计前嫌、礼贤下士，宽广容人、秉公处事的治国理念，让太宗对他愈发器重有加。

事实证明，吕蒙正的眼光还是不错的，温仲舒虽说有点嫉妒的小毛病，干事还是很有能力的。他出任边疆，叱咤风云，所向披靡；辅政朝廷，办事得力，业绩不俗，以致与名臣寇准齐名，时人并称他们为"温寇"。

吕蒙正以海纳百川、兼收并蓄的博大胸怀，常人难有的气量，心存大局，用人之长，终使他身为两朝宰相，成就一代功业。

荷兰哲学家斯宾诺莎说过：人心不是靠武力征服，而是靠爱和宽容大度去征服。从古至今，人和人之间最高的竞争和较量，不是比技巧，是在比气量。能受气，方能成大器。这样的例子在历史长河之中是不会被湮灭的。

三国时代，大才子陈琳奉命写讨伐曹操的檄文，笔锋犀利，"杀伤力"很强，惊得曹操浑身发凉。待曹操打败了袁绍，抓住了陈琳问个究竟，陈琳不亢不卑应对："箭在弦上，不得不发。"对话中，曹操发现陈琳胆识过人，不仅没有杀他，还留在身边作记室。曹操宽宏大量的胸怀，展现了他的高风亮节。

有气量的人，就像计算机有个大内存硬盘，装得下各种"文件"，转换迅速。"观德于忍，观福于量"。看一个人有没有德行，就看他能不能忍辱；看这个人有没有福德，有没有福气，要看他有没有度量，因为量大福大。气量是一种人生智慧，是一种识见定力，是一种道德高境。

气量，既是能量，也是一种力量。气量是一个人取得成功不可或缺的力量。有了气量，何愁人心不顺，事业不兴？

别让仇恨迷住双眼

古希腊神话中有一位大英雄叫海格力斯，一天，他走在坎坷不平的山路上，发现脚边有个袋子似的东西很碍脚，海格力斯踩了那东西一脚，谁知那东西不但没被踩碎，反而膨胀起来，加倍地扩大着，海格力斯恼羞成怒，操起一根碗口粗的木棒砸它，那东西竟然胀大到把路堵死了。正在这时，山中走出一位圣人，对海格力斯说："朋友，快别动它，忘了它吧，离开它，远去吧，它叫仇恨袋，你不犯它，它便小如当初，你若侵犯它，它就会膨胀起来，挡住你的路，与你敌对到底。"

有一个动不动就恨别人的人，总觉得生活很沉重、很无奈，便去求见哲人，寻求解脱之法。哲人给他一个篓子背在肩上，指着一条沙砾路说："你每走一步就捡一块石头放进去，看看有什么感觉。"那人按照哲人说的去做了，哲人便到路的另一头等他。过了一会儿，那人走到了头。哲人问："有什么感觉？"那人说："越来越觉得沉重。"哲人说："这也就是你为什么感觉生活越来越沉重的道理。当我们来到这个世界上时，每人都背着一个空篓子，有的人每走一步都要从这世界上捡一样东西放进去，所以才有了越走越累的感觉。如果你想过得轻松些，你就要学会舍弃一些不必要的负担。而你的仇恨是你最大的负担，要想快乐，你必须学会忘记仇恨。"

忘记仇恨是一种博大的胸怀，它能包容人世间的喜怒哀乐；忘记仇恨是一种品格，它能使人生跃上新的台阶。法国19世纪的文学大师雨果曾说过这样一句话："世界上最宽阔的是海洋，比海洋宽阔的是天空，比天空更宽阔的是人的胸怀。"人难得在滚滚红尘中走一遭。何必寻找那么多的烦恼呢？实际上，忘记仇恨还是爱他人、爱集体、爱社会的一种方式。在现实生活中，你千万不要拿显微镜看待周围。人人都有不足，事事都有缺憾，但是瑕不掩瑜。只要我们忘记仇恨，不刻意追求完美，我们就会从中发现自己喜欢的东西，从而拥有丰富而美好的真实生活。

我们的生活中，有多少时候因为仇恨而让自己不能自拔？有多少本来很简单的矛盾因为仇恨而演绎得不可收拾。仇恨又给我们带来多少烦恼和痛苦呢。北宋名臣范仲淹，人们都知道他以"先天下之忧而忧，后天下之乐而乐"的胸襟而光耀史册，但人们也许不知道，他还是个善于忘记仇恨的人呢。景三年(公元1036年)，范仲淹任吏部员外郎。当时，宰相吕夷简执政，朝中的官员多出自他的门下。范仲淹上奏了一个《百官图》，按着次序指明哪些人是正常的提拔，哪些人是破格提拔；哪些人提拔是公，哪些人提拔是私。并建议：任免近臣，凡超越常规的，不应该完全交给宰相去处理。他的这一举动，惹怒了吕夷简。范仲淹被贬为饶州(今江西上饶)知州。康定元年(公元1040年)，西夏王李元昊率兵入侵，范仲淹被任命为陕西经略安抚副使，负责防御西夏军务。这时，仁宗下谕希望范仲淹不要再纠缠和吕夷简过去那些不愉快的事。范仲淹得知后微笑着说："臣向论盖国家事，于夷简无憾也。"他的意思是，我过去议论的都是关于国家的大事，对吕夷简本人并没有什么怨恨。吕夷简听说后，深感愧疚，连连说："范公胸襟，胜我百倍也。"

"度尽劫波兄弟在，相逢一笑泯恩仇。"说的就是让人忘记仇恨。仇恨只能让自己背上沉重的负担，而忘记却可以让自己轻松上阵，重新开始。

不责人小过，不揭人隐私，不念人旧恶，要成就一番事业，牢记一条原则就可：记住别人对你的恩惠，忘记自己对别人的仇恨。因为仇恨是一把火，被烧伤的往往是记住它的人。

第十名现象

朋友问我:"有没有打听过,从前班上成绩排名第一的同学,现在做什么?"

我想了想,大学时的第一名好像出国留学,之后在国外当教授了。高中时排第一名的同学,早就不联络了。现在还跟我很要好的,大多是成绩中上等的同学。

想来道理很简单,成绩顶尖的同学,在班上的人际关系通常都不会太好。既是众多人羡慕嫉妒的对象,又把所有的时间都专注于课业中,无暇兼顾友谊。

杭州一所小学的老师周武提出了"第十名现象",他关注了不少毕业长达十年的学生,发现"排在第十名左右的小学生,有无穷的发展潜力"。他认为,小学时成绩中上的同学,毕业之后的成就常高于班上第一名的学生。除了人际关系的优势,还因为他们受到的关注较少,所以在处理压力、应变能力和适应能力等方面也比较强。

周武老师的研究引起了广泛关注,但也有学者提出了不同的看法,他们认为某些特定时间点的学业成绩,无法反映学生整体的学习能力,应该用更长期、更全面的观察来看学生的表现。

据我观察,我们身边多多少少都会有几个那样的学生,他们兴趣广泛,爱玩也会玩,成绩却一直不错。他们头脑好、反应快,学得认真,也玩得痛快。他们做什么都集中精力,所以事半功倍。他们把多余的时间用来交朋友、发展兴趣爱好、做让自己开心的事,也正因此,他们的人生更加丰富多彩,幸福感也更强。而那些埋头学习的第一名,一直承受着被超越的压力,让学习占据了美好的学生时代,等到了社会,不拿学习成绩论英雄的时候,他们便显得手足无措了。

总之,人生看的不是某一阶段和某一方面的成绩,如果过完这一生,拿到的是快乐和幸福的第一名,那才是真的好。

没有天敌的豹子

威廉是达尔文的长子,在一家银行做普通职员,是个诚实勤奋的孩子。这一天,威廉十分沮丧地找到达尔文:"父亲,我真的受不了!公司里的那些家伙总是在背后诋毁我。就连汤姆,这个我最信任的朋友,当面和我笑嘻嘻的,背地里,居然也用最恶毒的语言中伤我……"

威廉无助地看着父亲:"我到底哪里做错了?这些人到底想干什么?我该怎么办?"达尔文温和地笑了。他拍拍威廉的肩,又递给威廉一杯香槟:"安静一下,孩子,没什么大不了的。"等威廉气愤的心情稍微平息了一下,达尔文宽厚地说:"孩子,这两天我研究生物时,发现了一个奇怪的现象,我说给你听听,好吗?"

威廉明显地露出失望的表情:看来父亲只沉醉于自己的研究,对他并不关心。

达尔文并不理会威廉的表情,自顾自地说:"你知道一只寄生在椿树身上的大青虫,有多少天敌吗?""应该有很多吧。"威廉心不在焉地回答着。

"是的,孩子,你真聪明!它的天敌可多了!至少有400多种鸟类,两百多种昆虫都是它的天敌。它们每天都要小心翼翼地躲避着各种各样的伤害,因为任何一个天敌都会轻易要了它的命。"达尔文顿了顿又说,"可是,你知道一只兔子有多少天敌吗?"

"不知道。""让我来告诉你吧,我的孩子。兔子有37种天敌,主要包括鹰、猎狗、狼等食肉动物。"达尔文眨着圆溜溜的小眼睛又问,"你知道豹子有多少天敌吗?"

威廉把那杯香槟一饮而尽,抬起头来盯着父亲气嘟嘟地说:"父亲,我对你的研究真的不感兴趣……"

达尔文随手给威廉又斟了一杯香槟，笑容里似乎透着深意："豹子几乎没有天敌，就算是狮子老虎这样的大型食肉动物轻易也不会去招惹豹子。至于老虎，就更加没有天敌了，他们的生活是最惬意的，谁会愚蠢到去招惹一只老虎呢？"

"孩子，我知道你对我的研究不感兴趣。但我只想借此告诉你，越是弱小的生物，他们的天敌就越多，受到的伤害也就越多。你在公司里受到了种种打击，不是因为你什么地方做得不对，而是因为你的弱小。你现在就像椿树上的那只青虫，你有700多种天敌，它们中的任何一个，都可以轻易伤害到你。有些伤害是躲不过的，摆脱它的唯一方法，就是让自己强大起来，做一只丛林里的豹子。"

听着听着，威廉忽然心中一动，感觉胸中亮堂起来。他抬起头来，父亲正看着他睿智的微笑，圆溜溜的小眼睛闪动着异常明亮的光。

从此以后，威廉更加勤奋的工作起来，16年后，他成了总裁，成了远近闻名的银行家。职场中的倾轧与中伤，终于远远地离他而去。他成了"丛林"社会中一只名副其实的豹子，谁还愿轻易去招惹他呢？

一个真正智慧的人，寥寥数语，就充满了鼓舞人心的力量。

没有人的命运是单独的

昨天深夜，下着雨，在将睡未睡之际，听到窗外一片嘈杂。

"跑，你还跑？！"一个男人厉声喝道。随即是多人殴打一人的声音。

"哥，我错了，哥，我错了……"一连串的求饶，但拳脚并没有随着他的哀求而停下。惊心动魄中，我不知道那被打的是个小偷还是人家的仇人，但我仿佛可以看到，他摔倒在泥水中，抱着头，蜷缩着身子，无数只脚朝他身上的各个部位狠劲踹去。

"走，起来！"有人说。随着他们离去的脚步声渐行渐远，夜又重新恢复了宁静，只听到雨打在万物上所发出的声响。

记得在我很小的时候，我们村抓住了一个小偷，他被吊在大队会议室的大梁上鞭打。门外是黑压压的村民，我钻进人群的缝隙中看到他，他像死了一样垂着脑袋。后来，那个场景，那个被打的小偷，成为我整个童年的噩梦。

大概13岁时，我们搬了家，后面那家邻居，男人醉酒后经常打老婆。有一次，也是深夜，我们全家都睡了，又被他们家的哭喊打骂声惊醒。男人从卧室里面反锁了门，对女人进行毒打。他们的四个孩子，拍着门，撕心裂肺地哭喊："不要打妈妈，爸爸，求求你了，不要打妈妈……"不知过了多久，也许只是几分钟，女人打开门跑了出来，就那样光着身子，光着脚，逃出了家。女人跑了，他们家的动静渐渐消停了。然而，我再也睡不着。我惊恐，我颤抖，我流泪，世界上为什么会发生这样的事？

长大后，我家在一个市场里开了一个小店面，卖副食调料。一天下午，一个年轻男人以疯跑的姿态经过我家店面，后面是陆续追来的另几个男人。那疯跑的是一个小偷。

追他最紧的一个男人,在距他大概半米时,抄起手中的啤酒瓶朝他头上砸去。瞬间,随着啤酒瓶的爆炸声和周围路人的尖叫声,小偷头上脸上血流如注。此情此景,强烈刺激着我们的视觉与听觉。他是小偷,是可恶,但就可以这样对待他吗?

有一次晚饭后,我去操场散步。一处阴影中,一个男人很响亮地扇一个女孩子耳光,并且大声骂她,女孩吓得动也不敢动。我经过那里,竟然无能为力,一句话也说不出来。我的心恨得生疼,但是我发不出声音。我经过他们,并渐渐远离他们,而久久远离不了的是我内心的愧疚。

由于家里发生一些变故,我们又一次搬家。前段时间,和我们住一层楼的北边那两口子,半夜打起来。他们对门住的一个女孩子,才20岁左右,在那样危急的时刻,她竟然挺身而出,护住对门被打的女人,并把她拉到自己屋内。那男人下不了手,便破口大骂他老婆。女孩也发起怒来,对他吼:"谁都是娘生的,说归说,你不准骂人!"男人的火气瞬间被压制下去不少,但仍叫嚣着要女人出来,跟他回家。女孩害怕男人再打女人,不开门,不放女人出来,男人就奚落女孩:"你跟她亲,你跟她亲,她是你亲妈?"女孩叫女人嫂子,这会儿毫不示弱,接着男人的话茬大声说:"是,她就是我亲嫂子,就是我亲妈,我就是不准你欺负她!"这一下,男人的气焰几乎完全被压制下去了,悻悻地说:"你开门,叫她跟我回家,我不打她。"女孩说:"好,她可以跟你回家,但我不准你再欺负她,我就在这儿听着。"开了门,女人怯怯地跟男人回去,女孩果真在窗前静静站了好大一会儿,确定女人安全后,才回自己家。

在我30年的人生中,在我认识的人中,没有一人像这个女孩一样令我敬佩、令我无地自容。

曾经看过这样一段话:"在一个社会里,没有人的命运是单独的,每个人的命运都是你的命运。"是的,我们该警醒了,不要等到暴行施加到你头上的时候,才体会到那是自己种下的恶果。

天堂鸟的竞争智慧

求偶竞争是自然界中所有动物不可缺少的生存环节。在这一过程中，动物常常会上演同类相残的悲剧，采取残酷的武力角逐，来赢得自己在群体中的地位，并获取异性的青睐。而最终结果往往是胜者虽胜，也是惨胜——留下累累伤痕，而失败者的境况则要更坏，轻者落下残疾，重者甚至死于非命。

有一种动物，它们的求偶竞争却迥然不同，令人刮目相看，堪称动物世界中的典范。它们，是生活在南太平洋新几内亚岛热带丛林中的天堂鸟。

雌性天堂鸟的外形并不引人注目，但是雄性天堂鸟却拥有五彩斑斓的双翅，硕大艳丽的尾翼，它们腾空飞起时，周身流光溢彩，美艳绝伦，因此，它们被称为是世界上最美的鸟儿。

每到求偶的季节，雄性天堂鸟要做的不是去与同类进行厮杀斗狠，来赢得爱情，而是会以舞蹈的方式，在雌鸟面前展示自己的优点与实力。雄鸟会在雌鸟附近选一个树冠，作为舞台。它会很细心地打扫这个舞台，啄掉每一片树叶，甚至连树枝都要擦得干干净净。然后，开始面对雌鸟舒展并抖动自己的双翅和尾羽，以优美的舞姿来博得雌鸟的认可。而与此同时，其他的雄鸟也会在这只雌鸟视线内的另一个舞台上，同样地翩翩起舞。面对同一目标，竞争对手们虽竞不争，它们只依靠展示自己的实力与魅力来一较高下。最后，舞技高超者会赢得这场竞争的胜利。

天堂鸟的竞争，公正和平，优雅睿智。胜者自胜，败者也无伤大雅，堪称极为可贵的竞争方式。由鸟及人，不由令人联想到我们的人类社会，从上学，结婚，到参加工作，乃至生活中的方方面面，每个人都面临着各种各样的竞争。有些竞争者，为达目的，不择手段，不讲方式，以阴谋诋毁或武力来伤害竞争对手，却不知，伤人七分，自伤三分，胜利者也将付出高昂的代价。

在竞争中，不妨做睿智的天堂鸟，去尽量放大自己的优点，尽量展示自己的魅力，最终才会不战而屈人之兵，获取竞争的完胜。

为他人鼓掌

20世纪80年代,英国广播公司的默瑟还是一个记者,他有个业余爱好,就是喜欢投资,总是在低进高出中寻找到快乐,因此他也获得了投资专家的美誉。但在这美誉的背后,却潜藏着他过人的处世经验。

那是1981年的秋天,一个15岁的女孩打电话给英国广播公司,说她有个神奇的故事,主人公可以骑着飞天扫帚旅行,问记者能否采访她一下。当时接电话的是默瑟的同事,她不屑地说:"这些青涩的中学生就爱弄一些稀奇古怪的事,一点社会价值也没有。"但默瑟并不这么认为,他想既然这个孩子敢要求采访,就应该给予鼓励。

于是,默瑟驱车前往小女孩的住所。这是一个小村庄,女孩的家是一栋讲究的小楼,面积不大,哥特式建筑,四周环绕着美丽的院子。

女孩很热情地接待了默瑟,并落落大方地说出了她的故事梗概,这个故事的世界里充满了奇迹、神话、魔法。女孩的故事还没有说完,母亲就打断了她,笑着对默瑟说:"记者先生,她还是个孩子,不知天高地厚,有不妥的地方,还请多包涵。"默瑟默默地点点头,示意女孩继续讲下去,看来他被故事吸引了。

家人焦急地看着女孩把故事讲完,心情忐忑地看着默瑟。没想到默瑟出人意料地鼓起掌来,并赞叹地说:"姑娘,你的故事很精彩,具有极强的魔幻风格,希望你写出来,一定会成功。"听到这里,家人也都热烈鼓掌。

临走时,默瑟对女孩说:"哪天你出书了,记得告诉我,我再来采访你。"女孩感激地点着头,眼里饱含着憧憬。

这个约定默瑟先生等了14年。1995年,已经升任为广播公司制片人的默瑟想起了那个女孩，决定再次前往那个小村庄采访，谁知却发现这栋建筑正在出售。默瑟环视一周后，果断地以两万英镑的价格收购。

购买房产后，默瑟的妻子对房子进行了装修，但在粉刷墙壁时，和默瑟发生了激烈的争执。她愤怒地说："留着这些涂鸦有什么用？和衣服上的补丁似的难看死了！"默瑟却说："这是房子最有价值的地方，请务必给我保留着。"无奈之下，默瑟妻子只好同意他的意见。

后来，默瑟在女孩父亲的口中得知，1983年女孩离开家进入大学攻读法语与古典文学，继而前往巴黎留学，之后又回到英国伦敦工作。默瑟随即给女孩写了一封信，信的最后写道："这里有我们美好的约定，相信你。"

时间到了1997年，默瑟突然接到一个电话，说她的书即将出版，能否采访一下。默瑟激动万分，欣然前往。"楼梯下的碗柜、咯吱作响的窖门、哥特式建筑……"默瑟翻开新书贪婪地读着，书中的场景让他想到了那个小村庄，不难看出作者的很多灵感都来自村庄。很自然地，默瑟拿到了新闻的头条，在英国新闻界引起了巨大的轰动。

这部小说就是后来声名鹊起的《哈利·波特与魔法石》，这个当年的小女孩就是作者罗琳，她的7部《哈利·波特》系列小说风靡全球。

更有传奇色彩的是，颇有远见的默瑟留下了罗琳涂鸦的手迹，因为窗框上写着："罗琳睡在这里，1982年。"如今，这栋建筑已经成为哈利·波特文化的旅游胜地，每天游人如织，房子的售价也飙升至40万英镑。多年后，罗琳故地重游，她对记者深情地说："我的成功离不开默瑟先生的鼓励，他当年的掌声给了我信心和力量。"

智要足，量要大

唐朝时，裴度为相。有一天，他因公务在中书衙门里大宴宾客，酒喝得很畅快，宾主都很高兴。当此热闹之时，一名属下悄悄走进宴会厅，径直来到裴度身边，拉了下他的衣襟，低声向他禀报说，他们加班起草了一份公文，想去加盖印信，发现存放印信的盒子还在，可印信却不翼而飞了。

印信者，公章也。当官的人都知道，公章是权力的凭证，如果把公章弄丢了，那可是重大的失职，弄不好乌纱帽就没了。搁谁谁不着急呢？可裴度听了以后，没有显露出一丝紧张的样子，他手里端着酒杯，一副怡然自得的神情，只小声警告他们说："现在正在宴请宾客，你们先退下吧，别扫了大家的兴，把嘴巴闭严，不要声张。"

属下很疑惑，这么大的事，连让找找都不说，不知道这位宰相大人葫芦里卖的什么药，满腹狐疑地退了出去。酒宴丝毫没有受到影响，一直喝到半夜，正感觉畅快淋漓之时，那名属下又面带喜色地向裴度汇报说："大人，印信又回来了，在盒子里安然无恙，真是活见鬼了。"裴度没有说话，挥手让他走开了，宴会尽欢而散。

事后属下问裴度说："知道公章丢了，你怎么不着急呢？"裴度回答说："这一定是衙门里的人私下里书写契券，然后偷拿印信盖上公章，我料想他写完后就会放回原处，如果此时声张起来，他肯定狗急跳墙，为证清白而把印信拿走扔掉，那就再也找不回来了。"属下一听，恍然大悟，非常钦佩。他又建议说，"现在印信找回来了，为什么不查出此人，杀一儆百呢？"裴度回答说："印信能够轻易被拿出，说明管理有问题，这个责任在我。哪个人没有缺点和毛病呢？如果事事吹毛求疵，揪住小辫子不放，那世上就没有可用之人了，所以不必在意了。"

明人冯梦龙在评价这件事时，由衷地赞叹说："不是矫情镇物，真是透顶光明。"意思说，不是裴度故作安闲，以示镇静，而是聪明透顶，料事如神。这就是古人说的"智量"，"智不足，量不大"，没有足够的智慧，做事也就失去了回旋的余地。

裴度的一生，历经四朝，三度为相，五次被贬，可不管是升是降，是荣是辱，他都坦然接受，胜不喜，败不馁，进退无怨，得失无悔，虽仕途凶险，却得善终，智量之功不可没。

人生难免遇到急难险重、沟沟坎坎，这时往往是最考量我们智量的时候。遭人算计不必气急败坏，遇到险厄不必惊慌失措，上得去还要退得回，拿得起还要放得下。从容点，淡定些，为别人留出宽宏的度量，也就为自己留出了广阔的空间。可见，智量不仅是一种修养，更是一种智慧呀！

赚的是信任

高中毕业，我独自到S市闯天下。很快，我在一家废品收购公司找到工作。公司老板姓张，我叫他"师傅"。师傅每个月都要到一个驼背老太太那里收废纸箱。路很远，刨掉油钱，几乎没什么利润，可师傅一直坚持去收。我不解地问："这样的生意为什么不推掉？"师傅摇摇头，慢吞吞地说："这老太太信任我，尽管没钱可赚，可我赚到信任。"

星期天，一个陌生人打来电话，说他那儿有两百多公斤废品铝，要我们过去拉。我们开着车，在泥路上颠簸一个多小时，终于来到那男人所说的大马村。男人住的是两间小棚子。见到我们，这个一脸憔悴的男人顿时来了精神，客气地请我们进去。屋里一片狼藉，中间堆着一小堆铝锭，看到那点儿废品铝，我鼻子差点儿气歪了。我看看师傅，他低头想了一会儿，叹了一口气，叫我装车。

男人似乎吃透了我们不愿白跑一趟的心理，竟然说每公斤要加三角钱。师傅没吭声。我忍不住了，甩手就走："简直是无赖，我们没工夫侍候你。"

师傅却喝住我，他站起身，耐心地给男人计算我们的成本，按他出的价格，我们要赔70元钱。哪知，那男人根本不理会，伸着脖子、厚着脸皮磨价。

正争辩着，里屋传出一声婴儿清脆的啼哭。等那男人再次出来，师傅突然改变了主意："好，就按你出的价格。我们之间第一次做生意，我亏些钱，就当交了个朋友。"临走，师傅从车座底下抱出一箱方便面递给他，说是一个方便面厂的客户给的，味道还不错，请他尝一尝。

见我仍在生气，师傅耐心地解释："那男人要养家糊口，还要照顾老婆、孩子，生活有多艰难。如果他不说有两百多公斤，我们绝对不会跑这么远。这男人有头脑，是个生意人。"

短短两年，公司利润成倍地增长。半年后，那个欺骗我们的男人亲自找到公司，要卖给我们一吨废品铝。这次是货真价实的，他甚至带来了样品，以证明他所言不虚。后来，他果真成了师傅最大的废品铝客户。

驼背老太太去世了，师傅说："以后没机会再往那儿跑了。"这话说完没两天，有电话打来，是驼背老太太家附近的机械厂："我们厂每年都有十几吨废铁要处理，你们要吗？"师傅赶紧派车过去。后来，他才知道，这客户竟然是驼背老太太帮他争取的。机械厂负责废品处理的人，和老太太同村，喜欢吃她煮的阳春面，平时没少去看她。她总是一边看他吃面，一边对他说："为什么不把废品卖给老张呢？他是个实诚人。"

一年一度的S市财富人物大会隆重召开，师傅是唯一的废品公司的老板。坐在高高的主席台上，他念着我写的稿子："在我眼里，每个客户都可能会成为我长期的朋友。"

只读过初中的师傅，额头上淌着汗水，稿子念得结结巴巴。原来，他只会做，不会说。

大大小小的钱

[1]

一天，一位朋友送我一张面额100万元的钞票，我一看吓了一大跳，怕有受贿之嫌，连忙拒绝。朋友笑道，这是非洲某国家的货币，折合人民币仅5角而已。

我顿悟，在某些地方的百万"富翁"，原来却是很穷的人。

[2]

多年前去土耳其，当把手中的人民币全部兑换成土耳其里拉（旧里拉）时，我惊奇地发现，我手中的钱竟有几千万。当时，我真有一种做了富人的晕乎乎的感觉。

可是，当我喝着几十万里拉一杯的咖啡，啃着十几万里拉一个的面包，吃一顿饭也得百万里拉，上一次公厕也得上万里拉……我立时问自己：我还是千万富翁吗？

[3]

津巴布韦前些年曾发行面额为100万亿元的纸币，成为当时地球上最大面额的钞票，世界为之震惊。

一张薄薄的钞票就100万亿元，在这样的钞票面前，那些让无数人仰慕的亿万富豪，原来也不过如一张纸一样很薄很轻。

[4]

一人倾其所有用80万元买了一幅古画,后竟跌至50万,后又一路攀升至100万,后有人说它是一幅赝品不值几文钱,后又有人说它绝对是真迹价值难估可能达数百万甚至上千万,后又有人说它不过是近代高仿……

画,还是那幅画,它不悲不喜,一直默默地面无表情地看着这个世界。而画的主人却经历了无数次的喜怒哀乐、希望失望渴望绝望,甚至为此兴奋得几乎晕倒或差点儿轻生……

人生如一幅画,许多人的人生却总是在画之外。

[5]

记得好多年前,某地疯炒君子兰的时候,一盆标价上百万元的君子兰,转眼间便仅值几十块。君子兰还是那个君子兰,可钱已经不是那个钱了。

谁贬值了,是钱还是君子兰?都是也都不是,是人对君子兰的心贬值了。

心发狂了,石头也会变金子;心贬值了,金子也能成石头。

想起在十年"文革"中,多少人的心发狂了,多少人的心贬值了,一切金子都成了石头,一切石头都成了金子……

只有金子是金子、石头是石头的社会,才是正常的社会。

[6]

2010年8月24日,一架客机在黑龙江伊春机场失事,共造成42人遇难,有54人生还。据一位幸存者讲,在飞机起火爆炸前几分钟,一名在他前面的乘客本可以逃生,他却拐回去寻找提包,结果再也未见他出来……

也许他那提包里装满了钱。有人说,是钱把他带走的。

然而,人最大的悲哀是:

钱能带走你,你却带不走钱。

[7]

经常在街上看到一些乞丐,有真乞丐,也有靠乞讨骗钱为生的假乞丐,常令人真假难辨,朋友为此向我讨教。

我说,不管他是真乞丐还是假乞丐,不管他要多要少,只要他把不劳而获的手伸向你时,他实际上就已经是真乞丐了。

其实,我们许多人或多或少、或短或长都曾当过"乞丐",当你想不劳而获的时候……

[8]

一韩裔美国穷画家为一公司画了一年画,得到的报酬是该公司几千美元的原始股票,他再次陷入穷困潦倒的境地。

7年后,该公司股票上市,他持有的原始股票价值2亿美元。

画家还是那个画家,股票还是那张股票,却让你一贫如洗,却让你一夜暴富……

世界还是那个世界,凡人还是那些凡人,却常常看不到一贫如洗,只羡慕只愿一夜暴富——这是人人都暗藏着的弱点。

[9]

你赚了一万元钱,这一万元钱本身并不会兴奋,它还是它,只有你的心在为赚得这一万元钱而兴奋;

你丢失一万元钱,这一万元钱本身并不会痛苦,它还是它,只有你的心在为失去这一万元钱而痛苦……

对世界来说,钱还是那个钱,心却不是那个心了;

对一个人来说,钱不是那个钱时,心仍是那颗心——这是很多人都缺少的。

[10]

200年前,美国科学家富兰克林曾给费城和波士顿各捐1000英镑,但要求先投资,200年后才能使用。200年后,那两笔捐款共变成了750万美元。

时间真是一个十分奇妙的东西,她才是世上一切一切之母。时间能"生"出真相、"生"出真理,能"生"出名著、"生"出历史,也能"生"出财富……

同样的瓷器,价值数亿与不值一文的区别仅仅在于时间。

[11]

当运动员百米决赛时,身上背着一大捆钱,还能跑得快吗?当你漂浮在大海上时,肩上扛着一箱金砖,只会更快沉下去。

可是,没钱买房你就有可能露宿街头,没钱治病你就有可能失去健康甚至生命……

钱,并不是越多越好,可又不是越少越好;钱,并不能改变一切,可又能改变一切。

关键看钱在什么地方,是挺直腰杆,还是低头弯腰;是站着、坐着,还是跪着、趴着?

[12]

假如我住的这套三居室房子值100万元我不卖,后来贬值成1元钱我也不卖,现在又猛涨至1000万元我还是不卖,因为我没有别的地方住,只能住在这里,你能说我的生活水平降低了百万倍或猛增了千万倍?实际上,我的生活水平一点儿也未降低或增加,因为我的房子面积一点儿也没有减少或增多。

幸福一点儿也未改变,一会儿变小、一会儿变大的只是钱。

[13]

有这样一个故事：甲每月要寄给乙500元，乙每月要寄给丙500元，丙每月要寄给丁500元，丁每月要寄给戊500元，戊每月要寄给己500元，己每月要寄给庚500元……他们之所以寄钱，有的是报答养育之恩，有的是献上一份爱心，有的是为了一个承诺，有的是师生之义、骨肉之情、战友之谊、患难之交……

有人说，这样寄来寄去多麻烦，干脆让甲直接寄给庚，中间那么多人就甭寄了，钱还是那么多钱，却省去不少弯路与邮费。

这样，弯路是截去了，可是，感情不也截去了嘛？

把你的门打开

那年,我大学毕业进了一所设计院。我们这所设计院的办公条件很好,整整占据了一个楼层,从院长到普通的设计员,每个人都有自己一个小小的单间办公室。

或许是设计院的办公条件太好了,也或许是我们的工作特别需要安静的环境吧,反正大家都习惯于关起门来工作。

可是,刚刚步出校门的我,很不适应那样的环境。我希望能和同事们有更多的交流,于是,每天一到单位,我就把办公室的门开得大大的。整整一周过去了,却很少有人走进我的办公室来串门。

这天,终于有一位女同事跑进我的办公室来了。她说有批新到的书籍需要搬上楼来,想请我帮忙。我二话没说,立即跟她下楼,很快将8大捆书籍一一搬上楼来。

慢慢地,走进我办公室的同事逐渐多起来了。因为我的办公室总是开着门,大家有什么事情需要帮忙总是会第一个来找我。

有天,院长手里拿着一沓稿纸,急急地从我办公室的门前走过。看到我的门开着,他突然又退了回来,对着我说:"那个,你……"

院长显然对我还不太熟悉。我赶紧站起身来,说:"许院长,我叫张奉连,是刚刚从四川大学毕业到院里工作的。许院长您有什么吩咐?"

"哦,小张。"许院长看了我一眼,问:"你打字快吗?我这里有一份材料,下午开会就要用,得马上打印出来。"我们设计院的规模并不大,因为大家都非常熟悉电脑操作,因此也就没有设专门的打字员,平时有什么材料要打印,院长都是临时抓差的。

"没问题,许院长,我一会儿就能打好。"我胸有成竹地说。

一个小时后,我把那份8000多字的材料打印整齐,送到了院长室。许院长接过材料,满意地点了点头。

从此以后,除了同事们经常会找我帮忙,许院长也经常走过来,吩咐我做些过去他总是叫别人做的工作。

有一天,许院长突然从他的办公室给我打来电话:"小张,你把手头的工作先放一下,下午跟我出去办点事。"原来,他要去和一家委托我们设计院做设计的单位谈判,需要一位做记录的秘书跟随,而办公室的秘书小姜那天正好有事请假没来上班。

渐渐地,我成了设计院里最忙的人,大事小事,不用谁指派,都会自然而然地落到我的头上。而许院长只要有什么重要的事务,也总是会叫上我。

前年年底,院里决定提拔一名院长助理。在任前的民主推荐中,工作才一年多的我被大家一致提名,在大家心目中,其实我早已经是"院长助理"了。

后来因为恋爱的原因,我去了另外一座城市,应聘到了一家民营公司。这是一个充满竞争的环境,虽然大家都坐在一个大开间的隔断式办公室里,但同事之间除了工作之外,几乎没有任何的交流。大家都把自己的内心包藏得死死的,似乎生怕被对手掌握了底细,不知不觉中就露出了破绽,让别人在竞争中占了上风。

对于我这种外向型脾气的人来说,新的环境实在太让人压抑了。可是我初来乍到,还没在这座新的城市里站稳脚跟,眼前这份工作对我来说实在是非常重要的。

既然暂时还没有办法改变我的工作,那我何不试着用自己的方式去改变一下环境?我想到了原先在设计院工作时的情景。那时候院里所有的人都关着门办公,结果同事们越来越依赖我了,领导也越来越信任我了。而在这个大家内心封闭的环境里,如果我能率先对大家敞开心扉、打开心门,是不是也能博得大家的信赖呢?

于是,我利用午休的时间,主动找大家聊天。双休日的时候,我还邀请和我一个部门的同事去泡吧,打保龄球。

更叫人欣慰的是,同事们见我以诚待人,都乐于把自己的心事告诉我。我能感受得到，在大家心目中，我是可以信赖的人。

今年春节过后，我被提升为设计部副经理，这一次，又是大家民主推荐的结果。面对我的晋升，有同事跟我开玩笑说："张奉连，你进公司还不到一年，怎么提得这么快啊，你的机遇可真不赖啊！"

是的，只要随时敞开你的门，机遇就会悄悄地溜进来。

别忘了说声谢谢

某大型跨国公司招聘地区销售主管，应聘者如潮，大学刚毕业的小王也抱着试试看的心理加入了应聘者的行列。

"我们还要进一步考虑你和其他候选人的情况，如果有消息，我们会及时通知你。"这几乎是招聘人员标准的面试结束语。走出面试考场，小王下楼走出了办公大厦。出门的时候，他向为他拉开门的门卫鞠躬说了声"多谢"。但令他没想到的是，门卫却拦住了他，并告诉他说："请你等一下，面试官要见你。"

接下来的事情完全出乎他的意料，他竟然被面试官告知被破格录用了。小王愣住了，他疑惑不解地问那位面试官，也是他现在的上司："能告诉我您录用我的原因吗？"上司笑着说："尽管你还缺乏工作经验，但是你很有实力，而且更为重要的是，在所有的求职者中，你是唯一一向门卫说谢谢的人。"

这不由得又让我想起了大学里的一位老教授，他写得一手好字，许多人都想得到他的墨宝。但是不管是名人大家还是平凡如我者，他一概来者不拒，而且在他用双手将书法作品交给你时，总忘不了说声"多谢"。好像别人要他的书法，是给他天大的面子似的。

后来，我了解到20世纪30年代就成名的他由于出身不好，解放后坐了二十多年的冤狱，平反后又被闲置了十多年。真不明白，生活给予他的阳光那么少，他还何来那么多的"多谢"。老教授临终时，我跑去看望他，白色的被单像一个恐怖的海，仿佛随时可以淹没他。他将枯枝般的手颤抖着伸向我，口中喃喃细语："多谢！多谢你来送我！"两行清泪不由得莽撞地冲出我的眼眶。毕业后，一切如风而逝，唯有他老"多谢"的阳光仍照亮着我，我乐意并希望让他温暖更多的人。

西方有句谚语说："幸福，是有一颗感恩的心，一个健康的身体，一份称心的工作，一位深爱你的爱人，一帮值得信赖的朋友。"感恩不仅是一种情感，更是一种人生境界，是一种责任，唯有学会感恩，才会更加热爱生命，珍惜生活，体味生命的真谛。

不悲观，不颓废，不抱怨，
心中充满正能量，始终努力向上……

[第四辑　向上的人生]

　　人生是一棵向上的树，

　　尽管树会有弧度，会倾斜，

　　有时甚至会面对狂风暴雨的摧残，

　　但它始终是努力向上的。

别小看那些烟灰

年轻的巴宁那苏是马尼拉郊外的一个普通烟农，种植着数十亩烟草。通常，被人收购去的都是好烟叶，留下来的老烟叶、差烟叶，就只能成堆地烂在田里，连喂家畜都不用。

巴宁那苏心里总是在想一个问题：能不能让这些老烟叶也发挥一点价值呢？在烟草地附近，有一个鱼湖，一次，巴宁那苏路过时，看见主人正愁眉苦脸地坐在湖边抽烟。巴宁那苏一问才知道，原来现在正是鱼儿们的产卵期，可是这些鱼卵却成为尖螺和蜗牛们的美餐，巴宁那苏随意一眼看去，就发现好几处尖螺和蜗牛一起在浅水边"用餐"。

巴宁那苏说必须要把这些危害鱼儿生长的害虫杀死，鱼湖主人无奈地摇摇头说："我该如何把它们杀死呢？用农药虽然最有效，但农药能杀死害虫也能毒死鱼儿，更何况如果把带毒的鱼卖向市场，还会危及人类！"鱼湖的主人告诉巴宁那苏，在菲律宾，几乎所有的渔业养殖户都要承受这些有害螺类的侵害。

本来这件事情也就这样过去了，但第二天一早，巴宁那苏再次从鱼湖边路过的时候，无意中发现到了一个小细节：在前一天鱼湖主人抽烟的地方，居然死着好几颗尖螺和蜗牛，看着地上零零星星散落着的烟灰，巴宁那苏心里猛地一颤：难道是这些烟灰杀死了尖螺和蜗牛？

想到这里，巴宁那苏立刻来了兴趣，决心要把烟灰的奥秘一解究竟，他找来一些烟灰，然后跑到附近一所学校的实验室里，让老师帮忙看看烟灰里有些什么成分，没想到一检验竟然有了重大发现：烟灰不仅能起到杀虫剂的作用，杀死危害鱼类的蜗牛和螺类，而且烟灰中的尼古丁如果放到水里也会很快被分解，不会危害鱼类。同时，烟灰中含有的一些物质还是很有营养的肥料,可使藻类生长旺盛,对鱼类的生长十分有利。

很快,巴宁那苏用极为便宜的价格向邻里们收购了那些剩余的差烟叶,燃制成烟灰,然后伴随着功效说明书投向了市场,结果,这种集杀虫与肥料于一身的"新产品"受到了渔民们的青睐,纷纷为自己的养殖湖购买巴宁那苏的烟灰,与此同时,财富也源源不断地滚入了巴宁那苏的腰包!经过短短几年的发展,现在,巴宁那苏的烟灰产品还从渔业养殖扩展到了庄稼杀虫增肥,不仅在菲律宾随处可见,更远销欧美市场,每年销售额近千万美元。

原本只能烂在田里的老烟叶,却帮助巴宁那苏实现了从一个普通烟农到成功企业家的华丽转身,这再次向人们印证了机会只属于有准备的人,成功也只属于肯尝试的人!

茶 叶 袜

茶叶是用来干什么的？很多人都会不假思索地回答：当然是用来喝的！但是从现在开始，这个答案要被改写了，因为有人将它穿在了脚上。

在所有的茶叶中，春茶口感最好，也最受顾客欢迎，甚至被炒成了十几万元一斤的天价，是人人争抢的香饽饽。与之形成鲜明对比的，是夏茶和秋茶，这两种茶因为比春茶苦涩，不受顾客待见，多年来始终无法打开市场，随着人工成本的不断增加，更是毫无利润空间。

杨伟是浙江一家茶厂的老板，看到库房里堆积如山的夏秋茶，他愁得不行，看来，想处理这些不受欢迎的茶叶，传统营销方式根本行不通，必须得另辟蹊径。

星期天，妻子和同事去逛街，回家后高兴地说："我给你买了一双除臭的袜子，以后你就不用再害怕脱鞋了。"杨伟一问价格，居然要十几块，比普通的袜子贵了好几倍呢。

第二天，杨伟迫不及待地将新袜穿在脚上，期待自己的双脚从此不再臭气熏天。遗憾的是，除臭袜的功效好像并不怎么样，穿了它，双脚依然照臭不误。这让杨伟有些恼火，难道这世上就没有一种真正能除臭的东西吗？他忽然想到自己的茶叶，茶叶中所含的茶多酚就有杀菌的作用啊，如果用它来做袜子，除臭的效果一定非常好。

但是，怎样把茶叶变成袜子呢？他当即和农科院茶叶研究所的人员取得联系，说了自己的想法。研究人员觉得很有创意，茶叶确实可以杀菌。于是，杨伟和研究所合作，经过数月的奋战，终于研制开发出了茶叶袜。这种袜子颜色和茶叶相近，看上去很养眼，经过检测，白色念珠菌、大肠杆菌和金黄色葡萄球菌等各类微生物的检出量小于10，袜子水洗10次后，抑菌率仍高达99.99%，抗菌效果达到A级。

袜子研发出来了，可是怎样才能得到顾客认可呢？如今，市场上的袜子早已处于饱和状态，各种标榜除臭杀菌效果的袜子更是鱼龙混杂，顾客凭什么相信茶叶袜就是最好的？

杨伟没有急着把茶叶袜推向市场，而是送进了茶叶专卖店里，且全部免费，顾客买10斤茶叶，就可以获赠一双茶叶袜。

由于茶叶袜颜色和茶叶相近，又散发着茶叶的香味，而且只有茶叶专卖店有，消除了顾客的疑虑。重要的是，这种袜子穿在脚上，不仅清爽，吸汗效果好，而且真的能防臭。

就这样，杨伟没有花一分钱的广告费，只是免费送出了几万双袜子，茶叶袜就很快火了起来，订单雪花一样飘过来。在袜业市场饱和的情况下，茶叶袜不仅销售火爆，而且每双卖到了20元的高价，利润达到50%以上，远远超出了春茶的价值。

茶叶和袜子，两个风马牛不相及的东西，因为加入了勤于思考、大胆创新，便紧紧地联系在了一起。如今，杨伟的公司正在研发茶内衣、茶毛巾，努力开启一个茶叶的新时代。

纯粹一点，收获一点

她自幼长得漂亮，聪明乖巧，爱唱爱跳，有艺术天分。两三岁时，就自己对着家里的大镜子扭屁股，扭得还挺好看，挺有节奏感，被父母视为掌上明珠。

母亲那时候觉得她身体瘦小，跳舞能锻炼身体，更难得她自己也喜欢。于是，在她5岁那年，母亲给她报名参加了一个音乐舞蹈班，她小小年纪就学会了弹钢琴、跳芭蕾舞。11岁还代表上海东方小伙伴艺术团出访英国、美国、日本等。

幸福的时光总是短暂的，后来因为父母没完没了地争吵，家里的宁静与和谐被打破，女儿的眼泪没能弥合他们感情的裂痕，她12岁那年父母离异。小小的她好像一夜之间判若两人，原来笑意洋溢在脸上的阳光少女变得沉默寡言，常常一个人在阳台上发呆。母亲看在眼里急在心头，但却从不表露出对女儿的担忧，总是鼓励她："妈妈觉得你跳得最棒！"

15岁那年，她考取了上海警备区文工团，成为一名正式舞蹈演员，每年都代表部队参加比赛，每年都能拿一个大奖。3年后，她从部队退伍了。那时的她作为一个艺术新人，前途一片茫然，她只知道人一生的机会不多，要好好把握。

机会总是青睐已做好准备的人。19岁那年，电视剧《玉观音》的导演看中了她，让她饰演安心。这是一位饱经离婚、丧子磨难，爱情与亲情的纠葛、感情与理智冲突很多的角色。从未专业学过表演的她，为了演好这个角色，一天只睡三四个小时，用心揣摩每一个动作、每一个表情，导演让她哭10遍，她就真的哭10遍，将女警察安心演绎得美丽动人。该剧的热播让观众记住了那个兰花一般的安心，也记住了一个同安心一样有着清澈眼神的她。她说："《玉观音》让我学会如何做准备工作，如何通过体验生活来入戏，也让我真正进入了表演这一行。演员不可能经历所有的生活，但必须进入角色，走进主人公的灵魂，比常人更敏感，更善于观察生活的细节，多看多听，光凭借自己的想象来表演，总有一天这种技巧会枯竭。"

后来，她在拍摄《风雨西关》的时候，很多场景都是在原始森林里拍的，又是暴晒又是蚊虫，可是她一点也不在乎，也不会抹什么防晒、防虫护肤品之类的。拍戏时，经常有爆炸之类的场面，她经常弄得一脸的灰尘、泥巴，也从不说什么。每天不管多晚下戏，都会把第二天的台词背熟。

纯粹的人开心，纯粹的人成功。她出道8年，演了14部电视剧、7部电影，先后荣获20多个国内、国际奖项。她就是孙俪，因出演电视剧《玉观音》一举成名，以不俗的演绎天赋和清丽脱俗的形象打动着观众，并收获越来越多的成功和希望。"拍戏就是工作，工作当然就要投入百分之百的努力。"她常说，"因为人纯粹一点，会比较容易得到幸福，就像向日葵，每天只要能对着太阳，就会很开心。"

不幸，也是一种财富

智利33名矿工被困井下69天最终成功获救，成为世界矿难救援史上的奇迹。这些被困在井下700多米深的矿工，他们的年龄在19岁—63岁之间。这些矿工，有的曾经是退役的足球运动员，有的曾经是足球教练，有的曾经是医生，有的是刚刚大学毕业不久的大学生。

这些获救上来的矿工，成为人们心中仰慕的英雄。在那些个"暗无天日"的66个日日夜夜，对一个人的精神和意志、体能极限，都将是一个严峻的考验。能平安地活着出来，更是一个奇迹，一个惊天动地的奇迹。

更让人惊诧不已的是，这些矿工们，个个思维灵活，目光敏锐。在这场灾难中，他们看到的是一个个商机，一个个巨大的商业利益。开发和利用好潜伏在他们身上的商机，是他们获救后生活的全部内容。

目前，他们有的忙着与影视媒体合作，与他们原形拍摄影视剧，有的与出版社洽谈，出版他们的书籍，有的与广告商洽谈，拍摄广告，有的不停地接受各路媒体的采访。但接受采访的前提是必须要付费，价格谈不来，一律免谈。这些矿工们获救后，摇身一变，仿佛个个成了头脑精明的商人了。

矿工埃斯特班·罗哈曾经是一名足球运动员，退役后，他来到待遇很高的矿山，当了一名矿工。他现在忙着为足球系列产品做广告，给球队当代言人，还有许多球队要请他去当足球教练。现在，罗哈已有了自己的经济人，忙着为他洽谈各种商业事务。

被人称为"矿工诗人"的矿工塞普尔，一直热爱写诗，虽然从来没有发表过，但他从没有放弃过，就是被困井下66天，他也坚持写诗，写出了上千首。获救上来后，许多出版商找到他，要高价出版他写的那些诗歌。

一些电影厂家已高价买下版权，还有意让他出任影片中的主角。他过去写的那些诗歌一直无处发表，现在已成了出版商们竞相争抢的出版物。塞普尔表示，将来他很有可能进入影视界。

53岁的受困矿工富兰克林·洛博斯，原是一家电视台主持人。他获救上来后，利用他会主持节目的天赋，到全国各地巡回演讲去了。不过，每次他开出的价码都很高。尽管如此，邀请方还是接踵而至，纷至沓来。洛博斯演讲的热情更加高涨，他还正踌躇满志，要成立一家矿工电视台，自己当电视台老板呢。

在这些矿工中，唯一一名外籍矿工是24岁的玻利维亚人卡洛斯·马马尼。他被获救后，玻利维亚总统莫拉莱斯要派他的总统专机接他回国。可是，当智利一家出版社出巨资要他写回忆录，一些网站还请他写"66个日子"系列篇章，开出的价码，无不令他怦然心动。看到这种商机，马马尼笑了，笑得很开心、很明媚。于是，他谢绝了总统派专机接他回国的礼遇，一心待在智利，和各家出版社、网站洽谈、签合同，忙得不可开交呢。

据悉，目前，这33名矿工，仅电影版权预计就能拿到47万美元之多。其电视版权也会达到10万美元。这些矿工向媒体开出的采访价码就更不计其数了。

商机无处不在、无处不有。你看到的是灾难、是不幸，而我看到的却是蕴藏在里面的巨大商机。这种商机，千载难逢，百年一遇。开发和利用这里面的商机，并将这种商业价值发挥出最大值，是这些智利矿工的聪明和智慧。他们不仅仅是一些头脑简单的矿工，而且具有强烈地市场意识，一旦抓住，就绝不放手。这是一种不幸，也是一种商机，给他们带来了滚滚财源。

成功也许就这么简单

[毕业了，我们送外卖]

陈亮是广东湛江人，和许许多多的高校生一样，他揣着无比绚烂的梦进入大学校园，毕业之际，金融危机来了，他们失去了大量的就业机会……

三次来到人才市场门口的陈亮都被拥挤的人流给吓坏了，"那哪里是人才市场？分明就是在煮饺子，一进门，就进了锅里了，想出来都不容易……"而挤进人才市场的学友们，也一次一次没有了下文。求职，在陈亮眼里渐渐没有了色彩……

陈亮长在海边，从小就会烹饪海鲜，和同学聚餐时，自己动手做的海鲜总是餐桌上最大的亮点。曾经有不少同学建议他开个私家菜馆。但当时的陈亮，脑筋仍没有拐过弯，觉得寒窗苦读十余年，怎么也要做做白领。

后来死党李哲浩找到他，要跟他合伙送外卖！陈亮忍住笑，听李哲浩继续说："我们送的外卖与其他的送外卖不同。首先，我们是受过高等教育的大学毕业生。其次，你我都是时尚潮人，在衣着打扮上，我们要突出'潮男送外卖'的概念。还有，我们的定位是高端的，客户人群是集中在高档写字楼里高级白领或者金领……你想一想啊，长沙街头一个帅小伙卖烧饼就能引无数美女前往购买，我们两个大帅哥，衣着光鲜的送外卖，难道不是一样容易引起轰动吗？只要我们在饭菜的质量上有保证，服务做得好，我想，这个，绝对有得做！"

听了李哲浩的话，陈亮由笑渐渐转向了沉思。他想了想那则帅哥卖烧饼的新闻，觉得李哲浩说的可能有道理。他在当天博客里写道："毕业了，我们选择送外卖！"

[首战告捷，这个模式能淘金]

开业前两人做了详细的市场调查，几乎把环市路的食肆都走了一圈摸底，发现美食虽然多，但大多以中餐为主，日式、西式的外卖市场空间颇大。

这个调查让他们的方向非常明确，要做就做点"新意思"，送白领们以前在办公室订不到的快餐！

准备工作很简单，租用了一间带有大厨房的房子，又到一些洋餐厅取经几回，李哲浩和陈亮的思路就很清晰了。他们的定位是健康、天然食物的中西式餐点，黑椒猪扒、牛扒、干煸鱿鱼、炭烧生蚝、咖喱海鲜等几大经典白领最爱餐点是他们重点推出的。从厨房改造、菜式设计、厨师培训到采购食材、饭盒等等，全部由两人亲力亲为。准备好菜单之后，他们标上价格，自行设计了个性十足的名片，为自己取名——潮人帮，意为潮人帮你忙。

一切准备妥当，是2011年6月底了。他们跑到广州最大的海鲜和肉类批发市场，了解几个市场的差价。又学习食物的冷冻与冷藏知识，了解各种食品原料的保鲜等。

在正式开张之前的一周，他们到越秀区环市路最繁华的地段派发名片。早七点多，他们溜进各写字楼从门缝下塞名片，八点钟的时候，就在写字楼的主要路口派发。派发名片时，也保持着他们一贯的时尚风格——头戴彩虹鸭嘴帽，身穿粉红T恤，脚踏三叶草经典版板鞋，这是陈亮；而李哲浩，简单的短发，墨绿色T恤，欧版窄脚裤，匡威经典版白色帆布鞋。干净，简单，还透露着少年的清新味道……在广州街头，派名片的到处都是，但这么潮的派片人，还是前所未有的。面对他们的邀请，很少有人拒绝，因为，都想知道，这两个帅哥派的是什么东西？

开业当天，因为计划得过于保守，12点半，100份套餐全部订完了。而他们只不过是跑了四栋写字楼！这让陈亮和李哲浩欣喜不已，因为他们自己创造了淘金的模式。

[潮男送外卖，引无数女白领期待]

第二天，他们准备了200份套餐。这次送餐，陈亮和李哲浩都感觉到了白领们的热情，甚至还有人拉住陈亮，问他的CAP在哪儿买的。

其实，在没有开始送外卖之前，他们俩常常在广州的潮人地带淘货，最疯狂的时候，陈亮还曾一个月去香港"扫货"四次。陈亮说天秤座的天生"贪靓"，所以平时都会set下发型。当他们确认自己的潮劲已经成为卖点之后，就更加精心打扮自己。用李哲浩的话说："我们和其他送外卖的不一样，送外卖，也可以扮靓D！"他们的精心装扮，换来的是大量男女粉丝的青睐——常常在订餐之后，在预计的时间，抢着下楼取外卖……再回来讨论下他们今天的打扮。更有很多白领直接问他们在哪儿淘的衣服，讨教购衣经。

虽然潮人帮的"潮"为外卖店创造了很多食客，但陈亮和李哲浩都知道，送外卖，最重要的还是要把外卖做好。为此，他们不断地了解各种中西餐菜式，设想出新品试吃的宣传招数，还经常打电话回访熟客：今日的快餐口味如何？觉得有哪些需要改进的地方？日子久了，潮人帮就有了几百个固定的白领客户，两人甚至会记得哪位熟客不吃洋葱、哪位要加点辣椒酱、哪位需要多加饭之类的特殊要求。

[成功也许就这么简单]

潮人帮在白领人群中的火，也引起了邻近中华广场、北京路等地商家的关注。一些嗅觉灵敏的商家找到他们，除了签下长期的饭票之外，还签下了广告合同——潮流店的最新流行新品和促销信息。更有心急的商家，直接提供最新款的服饰给潮人帮，给他们当作送餐服……更有商家直接通过他们派送宣传画册，最高的时候，仅画册派送费用就达千元，要知道，这些都是纯利润啊！这个收益是当初潮人帮没有想到的！

如今的潮人帮已经拥有各式快餐50余个品种，可以满足95%以上的点餐白领的需求。陈亮说他们的菜品仍在拓宽，他的目标数字是100。"任何一个平台，都有他的附加值，我们这个平台的价值还体现在传递时尚、潮流的信息方面。当然，这永远只是我们的附加业务，我们的主业还是送外卖，为白领送我们的美味套餐！"

回首经营过去的半年，李哲浩信心十足，他说："我们俩的理想是把这种业务发扬光大，让所有的白领都能有机会吃到我们的套餐，有机会接触我们的时尚与潮流！"

就业市场相当严峻的今天，李哲浩与陈亮的选择令人钦佩，像他们所说的："行行出状元，卖猪扒也能登上富人榜！"和很多眼高手低、自恃满肚子才华却又流落街头的大学生比起来，他们有的不仅是潮劲，还有务实的精神！愿意干，努力干，用心干，也许，成功就这么简单！

给人读报的女孩

在高中毕业考大学的前夕，她对自己报考什么学校什么专业依然没有明确的方向。一天，在高中同学的撺掇下，她陪着好友一起赶往北京广播学院报名。一路上，她都是一副陪太子读书的心态，不急不慌、神情自若。她不会想到，原以为无关紧要的"走过场"改变了她的人生轨迹，自此，她走上一条从来没有想过的靠嘴吃饭的职业道路。在北京广播学院的传达室，在报名的间隙，她碰到了一位白发苍苍的老人。老人视力不太好，恰好那天又没戴眼镜，将头深深地埋在报纸里，吃力地一个字一个字移动，不时抬起头，揉揉发涩的眼睛。

她本来也就是抱着玩的态度来的，看到这个情形，暗暗在心底鼓起勇气，上前小声问候老人，主动请缨给老人读报纸。老人闻声抬起头，和气地笑笑，问她缘由。她有些羞怯："您老耳濡目染应该有一定的识别能力。你猜猜我能不能考上？"

她读完报，老人依然微笑着说："孩子，大胆考吧，你考北广八九不离十。"老人的话让她一愣：自己行？但她相信，眼前这个和自己不沾亲不带故的和善老者不会骗自己，也没有必要欺骗自己。那一刻，她的内心闪耀起了梦想的光辉：我要进军北广！

充满了自信的她像是换了一个人，考试也出奇的顺利，一路披荆斩棘、过关斩将。而让她最惊讶的是最后一场决定命运的考试中，她看到了一个熟悉的面孔，竟然是当初给她指正读报感觉的老人。经打听，她方知此人就是北京广播学院播音系著名教授张颂。正如张老师预言那样，她在这种录取率极低的残酷PK中成功了。

她考入北京广播学院后，在授业恩师张颂的带领下，开始了真正意义上的学习。滑稽的趣事或许在于,她必须从头开始学习汉语拼音。一些声母、韵母每天都要反复地练习。她每天早晨六点准时起床,然后来到北京广播学院的小树林里练声,然后大声读《人民日报》,从头版读到最后一版,这样的过程大概需要一个多小时。每次读完后,一身汗水。但她从不偷懒,坚持了整整四年。

毕业后,她并没有留在北京工作,而是被分到了江苏电视台。在江苏电视台的日子里,她得到了全方位的锻炼,干过主持人、记者,而在所有的历练中,她认为自己最适合从事的工作仍然是新闻主播。勤奋是她的本色,即使后来当上央视的主播,她也一有空就翻看《新华字典》和《汉语成语词典》。她已经能够认识《新华字典》的所有字,并能说清楚每个字的意思。

除了熟读字典和词典,她还有一个特殊的爱好,无论在什么地方总是拿一个笔记本,见到好的语言总会随手记下来,有时候和朋友谈话中忽然迸发的灵感,她也会详细地记录。在她看来,要想在央视《新闻联播》中不出任何差错,必须养成随时随地学习的习惯。

走上播音工作岗位27年,她成为中央电视台《新闻联播》的标志之一,她的出镜率高到让她世人皆知。

她的名字叫李瑞英。最近,在一所大学的演讲中,李瑞英除了承认个人的努力之外,对当初肯定自己、领自己上路的伯乐张颂恩师感激之情溢于言表:"没有张颂老师当年的肯定,就没有我今天的成绩。"

人生路上,渴望成功、期盼梦想照进现实的我们经常会抱怨没有伯乐、人生十字路口没人拉自己一把、关键时刻没有仙人指路或者高人相助。结果呢,自己耽搁了自己。其实,经常会这样,于无声处遇伯乐,伯乐脸上没写字,我们内心无限期盼的贵人,常常不在鲜花旁,却隐身柳荫之中,静候你来。

火山石火锅

两年前,重庆一位叫彭得胜的小伙子开了一家火锅店。小店开张之后,生意开始不错,可惜好景不长,仅仅两三个月,彭得胜就发现周围一下子开了好几家火锅店,竞争变得异常激烈。他常暗自叹息:火锅店那么多,顾客却有限,如果自己不做出点特色来,小店迟早得关张。

一天清晨,彭得胜从广播中听到冰岛火山爆发的消息。他得知,这样的火山爆发百年难得一遇,不过火山喷发之后,四处飘散的火山灰导致欧洲各国机场纷纷关闭。就在许多航空公司为此烦恼不已时,法国巴黎一家航空公司的老板却从中嗅到商机,将可用做纯天然肥料的火山灰包装成礼品,赠送给滞留在机场的旅客,那家航空公司也因此而名声远扬。

听完新闻,彭得胜突然灵光一闪:小小的火山灰都能带来财富,火山石岂不是更有价值?他立即上网查阅资料,发现火山石果然是个好东西。它含有钠、镁、铝、硅、钙等几十种矿物质和微量元素。彭得胜想,在"吃出健康"的年代,这些矿物质和微量元素不就是最好的天然补品吗?

资料还显示,加热后的火山石能将鱼、肉等很多食物瞬间烫熟并释放出多种微量元素。看到这里,彭得胜兴奋地跳了起来:如果利用火山石制作火锅,既能煮熟食物,还能让人吸收到多种微量元素,有助于人体排除毒素、增进食欲,岂不是一举多得?彭得胜几经周折之后,终于购买到一批火山石。

他将火山石一一洗净,还特地定制了几个布满圆孔的圆柱形金属容器用来盛放加热后的火山石。第一次制作火山石火锅时,彭得胜只邀请了家人和几个好友品尝。他事先准备好所有火锅食材,待把火山石烧得通红之后,再用钳子将火山石夹进金属容器,然后将容器放进火锅里面。遇到水之后，火山石瞬间释放出能量，锅内立刻变得热气腾腾。此时，坐在桌子旁的人好似看了一场魔术，他们赶紧将想要吃的食材放进锅内。两三分钟之后，锅内不再滚沸，而鱼片、肉片、蔬菜等也刚好熟了。彭得胜夹起一片鱼肉放进嘴里，发现它鲜香嫩滑，别有一番味道。此时，他的家人和朋友也都赞不绝口，都说火山石火锅太精彩了。

第二天，彭得胜的火锅店正式推出火山石火锅。为了让大家了解火山石的作用，他还特地将搜集到的资料制作成广告牌张贴在店内显眼的位置。老顾客们被这种新鲜的火锅吸引住了，个个跃跃欲试。火山石火锅的独特美味让所有顾客叫绝，刚推出一天，就接待了上百位顾客。

此后，彭得胜的火锅店一直都很火爆。当然，模仿他做火山石火锅的人也很多，不过，他不断推陈出新，总是赶在别人前面想出绝妙创意。比如，他调配出更适合火山石火锅的酱料免费提供给顾客，将使用过的火山石出售给顾客留作纪念等等。现在，彭得胜在重庆已经拥有了十几家火锅连锁店，年收入达到数百万，成为火锅行业里的一个重量级人物。

一则新闻，一个创意，一笔财富。很多时候，商机都是在不经意之间寻得，就像彭得胜，他就是在滚烫的火山石里沸出了自己的财富人生。

假合约的诱惑

现年45岁的赫尔曼·比达尔是美国汽车销售史上最为成功的推销员之一，他在最高峰的时候曾经创下过2558辆的个人年销售量，平均每天销售超过7辆，这个成绩甚至超过了被誉为最伟大的汽车推销员的乔·吉拉德，让人难以想象的是，比达尔最为常用的一招就是"假合约"。所谓"假合约"并不是"假冒合约"，而是一份"未生效合约"。

比达尔是在1995年进入美国汽车销售行业的，起初他的销售量也非常一般，任凭自己如何努力，都很难有效地说服顾客买下一辆车子，有时候甚至半个月都卖不出一辆，更让人沮丧的是有很多顾客在看车款时，明明觉得某一款车挺满意，可一走出商店，就再也不回来了。究竟如何才能改变这种状况呢？比达尔陷入深思。

有一次，比达尔在下班路上，无意中看到街边的商场橱窗里放着一款自己非常喜欢的皮鞋，很遗憾，比达尔当时所带的钱不够，他决定明天带上足够的钱再来买，然而第二天，他很快又把这件事情给忘记了。直到一个星期以后，当他穿上一双新皮鞋的时候，才意识到脚下的这双鞋子，竟然是自己在另一家店里买来的另一款皮鞋。

比达尔忍不住想，如果有人提醒自己这家店里有一双满意的皮鞋，那自己肯定不会去别的商场买别的鞋子，明明是那里有一双让他觉得满意的鞋子，但最后他买下的却是别的商场中的别的鞋子！比达尔心想，现在的自己与在卖车中遇到的那些顾客们是何其相似。既然如此，那就要想办法一直提醒那些离去的顾客，这里有一辆他们所喜欢的汽车。

比达尔想来想去，决定给每位离去的顾客都赠送一份他们所喜欢的那款汽车的宣传画，这样一来，果然起到了一些"提醒"的作用，他的销售量明显增加了许多，但是他仍旧觉得这里面还有什么不足。比达尔想了很久终于意识到一点：宣传画顶多是能提醒人家这里有一辆他们所喜欢的汽车，但是如果他同时还拥有一些宣传汽车的杂志呢？那上面的好车子更多。所以，他们即使拿着宣传画，依旧非常有可能去别处购买别的车子。

有什么能比"提醒"更能牵住顾客的心呢？比达尔想到了"假合约"，"假合约"上写明价格和汽车款式，还有比达尔的签名，虽然是一张"假合约"，但只要顾客在那上面一签字，就会立刻升级为"有效合约"。如果说送宣传画是在提醒顾客这里有一辆他们所喜欢的车子，那么让顾客带上一张"假合约"回家，则是给顾客一种"已经拥有这辆车"的心理暗示，只需要在上面签下自己的名字，合约便立即生效。

主意拿定，比达尔在第二天就开始实行，这一天里他一共招待了12位来看车的顾客，他们看了店里陈列着的车子后，都被各自所喜欢的车款吸引住了，买车这种事情毕竟不能太草率，所以通常都会货比三家，顾客走走看看是非常正常的。当他们离开的时候，比达尔就拿出一张事先准备好的"假合约"让他们带回去，没想到几天后，那些曾经离去的顾客几乎全都陆续回到店里，买走了当初看中的那辆车。一位中年男子在送来填写好的合约后，甚至还如释重负地说："这张合约放在抽屉里，每天我都要打开看几眼，而每次看它我都会更加期待立即拥有这辆车，现在我实在受不了了，无论我的妻子如何反对，我也非要填好这张合约，买下这辆车子不可！"

就在这种用"假合约"维持和提升顾客购买欲的销售法中，比达尔的个人销售量越来越大，由他经手招待的顾客很少有"漏网之鱼"，而他也最终成为美国最为伟大的推销员之一。

未雨绸缪郭子仪

唐朝大将郭子仪,曾在平定"安史之乱"中立过大功,得到皇上唐肃宗的赞赏,赐官中书令,后又晋封为汾阳郡王。朝中大臣也都很佩服他。

郭子仪的住宅在亲仁里。平时,郭子仪家的大门洞开,任人随便出入。有一次,他的部下将吏出任外镇来向他辞行时,郭子仪的妻子和爱女正在梳妆,她们让郭子仪拿手巾,端洗脸水,就像使唤奴仆一样。过了几天,郭子仪的儿子们来劝他以后不要这样做。他不听,儿子们哭着说:"父亲功业显赫,却不自重,不分贵贱,让外人进入内室,孩儿们认为即使是伊尹、霍光在世也不会这样做。"郭子仪笑着对他们说:"你们不明白我的用意。我们家吃饭的人有一千多,马有五百匹,这都全靠朝廷的恩典才得以生存。如果高墙闭户,内外不通,万一有什么冤家罗织我们不忠的罪名,会有贪功嫉贤的坏人添油加醋将它说成事实,到那时九族诛灭,后悔就晚了。现在将四门大开,里外清楚地任人观看,即使有人要进谗言,也没有办法了。"他的儿子们听了这番话,茅塞顿开,十分信服。

郭子仪做了大官之后,拜访他的人也多了,在每次会见客人时,都有一帮侍女爱姬陪伴。有一次,手下人禀报说,有一个叫卢杞的人前来拜访。郭子仪听后,马上收敛了笑容,立即屏退了所有陪侍的妇女。留在郭子仪身边的几个儿子对此都感到很奇怪,便问父亲说:"以往父亲会见客人,总是姬妾满堂谈笑风生,为什么今天听说来人是卢杞,父亲便赶走了所有的妇人呢?"郭子仪告诉儿子们说:"你们不知道,卢杞这个人生来相貌丑陋,面色发蓝,我怕妇人们见了会因此而讥笑他。卢杞为人阴险狡诈，要是有一天他得了志，怕是要为了报这一笑之仇，将咱们全家斩尽杀绝。"后来卢杞当了宰相，果然谋杀陷害了不少人，但唯独郭子仪一家例外。

郭子仪的举动发人深省：在人际交往中，只有做到未雨绸缪，防患于未然，才得保全自己，得以善终。

心中的那片海

　　17岁。她在南方一所二流大学读书。清秀，孤独，心怀有梦。因贪恋电波里的声音无限温柔，毛遂自荐，写信给电台主持人"可否帮我成就梦想？"信中这一句，尤为动人。去电台试播，小小梦想如蔚蓝大海涌起浪花一朵，真的实现了。且一朵不多，一朵不少。

　　流火7月，踩着单车去录节目。往返，湿淋淋的汗，心里亦是快乐。明媚青春，她长成一株植物样的女子，春绿冬白，思无邪。喜听郑智化的歌儿，每次节目间播放，任由轻柔的声音顺着电波，枝枝蔓蔓。

　　19岁。拒绝做小会计的毕业安排，独自留在读书的城。无亲无友，身只影单。生日那天，口袋里没有一分钱，顶风冒雨走去电台。雨水热烈，浇透了湿淋淋的寂寞。她在节目里一吐心声："要做一只翩飞的白鹤，飞渡寒苦的人生。"

　　依然是自我，心怀有梦的人。决心做一档午夜直播。游说，克服重重困难，节目定为《夜色温柔》。以后的每个周末午夜，她守着电台，如约道来："我是柴静。火柴的柴，安静的静。"

　　一直喜欢郑智化的歌。沧桑温暖的曲子，多少个夜晚，穿越时空和夜雾的阻隔，慰藉暗夜里那些看不见的伤和寂寞。节目成为名档，拥有了大批听众，她的声音和电波成为这座城里的周末夜宵。

　　梦里不知身是客。三年的流光噼啪闪过，决定去读书，去意坚决。后来，她出了第一本书《用我一辈子去忘记》。书里的一段话，这样记录当时的心境："我辞职去往北京，带着北京广播学院的通知书，刚够用的金钱，面目不清的未来和22岁的年纪。"

　　透过层层流光，彼时，这个清瘦年轻的女子，面目模糊，而眼神儿是执着的。说不清想要什么，只知道要前行。如同一个远足的人，抬头看看天，再低头赶路，天空蔚蓝。

23岁。偶然进入央视《东方时空》。新人进摄影棚，初不顺意。第一晚通宵录完节目，大哭。擦干了泪，接着做下去。现场采访内心受到震动，明白"灾民在你肩上哭泣，才是新闻的价值。"遂从主持人转型为记者，滴水藏海，她试着将自己融进新闻，做新闻里的那个人。她说自己终于明白，对世界的认识，是要行万里路才能得来的。

2003年，非典肆虐时。她深入到一线，七次与非典病人面对面。苍白的小汤山病房里，裹在消毒服里，一张瘦弱苍白的脸，一次次把最有力的信心带给观众。这一年里，全国的观众都记住了央视这个瘦弱勇敢的女记者。她被评为"2003年中国记者风云人物"。

依然做新闻。每每面对镜头，神情淡定，声音柔和。她是矜持冷静的吧，似乎并不多话，亦不善身体表达。镜头里，她只用最清简，真实的新闻语言贴近事实。素妆出镜时，清爽短发，喜欢系围巾，像个清秀的邻家女孩。时常在现场，她坐在草坪上采访，抑或面对面看着对方。柔和的声音里，每每透着坚持的，不可退让。

是的，坚持。这个清瘦的女子，内心似一片深海，铁马冰河，波澜不惊，却藏着一股巨大的能量。面对华南虎事件，面对学术造假，面对上海倒楼，她以一名新闻记者的良知和正义，剥丝去茧。待一层层伪饰的泡沫褪去，冰山一角还一个真相。

亦有温情的时候。汶川大地震，她去现场。没有对现场抢救的报道，也没有救死扶伤的呼吁。在一个叫作"杨柳坪"的受灾村庄中，和灾民一起生活。《杨柳坪的七日》中，灾民诉说着家中的灾情，眼泪止不住地流下来。昏暗中，她捧着一截烛头，无话，所有的力量和言语都淌在脸颊了。

网上有她的照片，不多，眼眸清亮。极爱系围巾，红的，蓝的，黑的。依然一个人，背着大包穿着平底鞋跑现场。依然安静寂寞，读书，多年不改对文字的热爱。最近一次访谈中，她以莱蒙托夫的一首诗表达当前的状态："一只船孤独地航行在海上，它既不寻求幸福，也不逃避幸福。它只是向前航行，底下是沉静碧蓝的大海，而头顶是金色的太阳。"

她是柴静。

当热烈包围世界，她以冷静的姿态飞渡。内心有海量，她亦是一片海。心怀有梦，俯身为蓝，总向着最蓝的那片海域飞翔。

王子的裙子

有很多时候，成功的捷径并没有人们想象的那样复杂，只需要一个独特的创意就可以达到目的。把裙子卖给威廉王子，看似不可能，却让小草帽专卖店名声大振，成了万众瞩目的焦点。成功，有时候就是如此简单。

丽莎是生活在英国伦敦的一名女孩。大学毕业后，她找了几份工作，总是感觉不尽人意。干脆筹集了一笔钱，打算和好友安娜一起开店当老板。在选择经营哪类商品时，她接受了好友的建议：开一家裙装专卖店，销售各种各样的裙子。

经过紧锣密鼓的筹备，"小草帽"裙装店隆重开业了。尽管店内装修得温馨舒适，裙装的款式也琳琅满目，但开业已经半个月，除了熟悉的朋友，很少有顾客登门，只卖出了两条裙子。这样下去，不但赚不到钱，连租金也支付不起。

正当丽莎心急如焚，却又一筹莫展之际，安娜兴冲冲跑来，手里举着一份报纸，高兴地说："快来看，威廉王子周末要参加一场慈善拍卖晚会，咱们的小店有救了！"

"这件事跟咱们有什么关系？还是赶快想办法多卖一条裙子吧！"丽莎心不在焉地说。安娜扬了扬手中的报纸，得意地说："筹办这场慈善晚会的导演，正好是我一位同学的哥哥，咱们请他帮个小忙，一定能够把裙子卖给威廉王子！"

丽莎摇摇头说："真荒唐！王子是个大男人，怎么会买裙子？更不会买我们这种小店的商品呀！""王子的确不需要裙子，但凯特王妃需要呀！你放心好了，我已经有了一套完美的方案！"

安娜上网查询了凯特王妃的身高和体重等资料，精心从店里挑选了一套裙装。转眼间，周末到了，安娜拉着丽莎走进了会场。终于，威廉王子出场了，他首先拿出一只足球，微笑着说："上高中的时候，它曾整整陪伴了我三年。所以，我一直珍藏着它……"很快，许多人竞相竞争，最终，一位美国的商人，用10万英镑竞拍成功。

这时，威廉王子又拿出一条蓝色的裙子，神情有些羞涩地说："当年，我追求凯特时，为了送一份生日礼物给她，跑到快餐店洗了两星期的盘子，终于买下这条裙子。它是我们初恋最美好的见证。今天，听说我要来参加拍卖晚会，凯特因为要去孤儿院做义工来不了，她特意委托我拍卖裙子，希望用它筹集到的善款，来帮助更多的人……"

经过几轮激烈的竞争，有人以30万英镑成功竞拍到了裙子。就在这时，安娜站起身来，快步走向威廉王子，微笑着说："您好，我是小草帽裙装店的经理。您和凯特的爱情故事打动了很多人。我知道，就在下周，凯特王妃又要过生日了，您不想送她一件特别的礼物吗？"

说着，安娜像变戏法一样，拿出一条裙子，让大家目瞪口呆的是，这条裙子的颜色和款式，都同刚才被拍卖掉的那条一模一样！威廉王子非常激动地说："真是太好了，我愿意买下来送给我的妻子，请问它的价格……"安娜笑着说："我们同意把它卖给你，但只收一美元，因为，我们都是凯特的粉丝，也想送一份真诚的祝福！"

威廉王子接受了这份独特的礼物，他连连感谢安娜，现场响起热烈的掌声。很快，慈善拍卖会上的这段小插曲，通过电视直播迅速传遍了英国。很多人记住了一个叫"小草帽"的裙装专卖店，纷纷找上门来，更有不少人通过电话要求订购裙子，店里的销售额猛然翻了很多倍。

有很多时候，成功的捷径并没有人们想象的那样复杂，只需要一个独特的创意就可以达到目的。把裙子卖给威廉王子，看似不可能，却让小草帽专卖店名声大振，成了万众瞩目的焦点。成功，有时候就是如此简单。

向上的人生

2013年4月,盲人郑建伟被英国名校贝尔法斯特女王大学录取的消息,很快传遍了重庆黔江区的大街小巷。郑建伟是一个什么样的人?他双目失明,却能考上英国的名校,其中有什么秘诀吗?一时间,郑建伟成为人们热议的中心。

郑建伟今年30岁,是重庆黔江区中医院针灸科的一名普通的医生。他属于先天性失明,自打出生以来,没有见到过一丝光明,更不知道这世界是个什么样子,但这并不影响郑建伟对美好生活的向往。从7岁开始,小小年纪的他就离开父母,一个人到重庆盲校就读。初中毕业后,他又辗转来到山东省青岛盲校读高中。2001年,考入长春大学特殊教育学院,成了黔江区第一个盲人大学生。

2006年大学毕业后,郑建伟进入黔江区中医院,成了一名医生。在医院里,郑建伟工作很努力,也很出色。院里考虑他是盲人,行动不方便,在分配工作任务时,尽量照顾他,但郑建伟坚决不同意。通过努力,他的针灸技术十分出色,推拿手法,更是深受患者的欢迎。

在医院工作的3年里,有一个想法始终在郑建伟的大脑里挥之不去,并且越来越强烈,那就是读研究生。但是,国内没有招收盲人研究生的学校,要读研究生,唯一的办法就是出国。而出国呢?最大的拦路虎是英语。这时郑建伟的英语水平只达到会说"我的名字叫郑建伟"这样的程度,能行吗?经过激烈的思想斗争,2009年10月,性格倔强不服输的郑建伟决定辞职,在家自学英语准备考雅思。

郑建伟的辞职引来周围人们的不理解,有人说:"一个盲人,能找到一份固定的工作,已经不错了,瞎折腾什么呀!"也有人说:"真是自不量力，想出名吧！"面对人们的冷嘲热讽，郑建伟不做任何解释。他只要认定了的事，就会义无反顾。

对于郑建伟来说，学习英语遇到的困难不是一般人能够想象得到的。不说别的，找到合适的学习材料就颇费周折。他拿着《新概念英语》，四处寻找可以将教材打印成盲文的地方，但都碰了壁。没有资料，学习就无从谈起，那一段时间，郑建伟因为着急上火，嘴里都起了泡。

有一天，他听说重庆图书馆能够做这方面的工作，就抱着试试看的心态打了电话。重庆图书馆在了解了郑建伟的情况后，深为感动，爽快地答应免费为他打印学习资料。这让郑建伟十分感激，无形中也给他增添了力量。

走进郑建伟的家，就会看到在他的床头两侧，摞着两摞半米多高的英语学习材料，翻开来，厚实的牛皮纸上打印着密密麻麻的凸点和凹点。凸出的小圆点是盲文，郑建伟就是日复一日地用手触摸凸点，进行英语学习，时间长了，手指头竟起了一层厚厚的老茧。

除了牛皮纸自制的学习材料，郑建伟还得依靠读屏软件。但读屏软件只能读取word文档或者文本文档文件，对于图片格式和PDF格式，郑建伟是一窍不通。可是最新的雅思练习题和参考书只有纸质版，郑建伟只得请家里人用扫描仪一页一页地扫到电脑中，再从PDF格式转换为读屏软件可以识别的word文档。转换的过程中会经常出错，郑建伟的父母就成了"校对员"，这事做起来尽管很麻烦，但是一家人没有一个有半句怨言。

就这样，从2009年底开始，郑建伟依靠摸和听，每天用五六个小时学习，英语水平有了质的提高。从2011年9月到2012年9月，他三次走进雅思考场，成为西南地区首位雅思盲人考生。雅思考试满分为9分，郑建伟首考成绩为6分，第二次为6.5分，第三次为6.5分，按照规定，凡是成绩在6分以上的考生，就可以申请英国、澳大利亚、新西兰等国家大学与学院的课程。于是，郑建伟向利兹大学、贝尔法斯特女王大学等六所国外大学递交了入学申请，并最终如愿以偿。

当有人问郑建伟，医生工作看起来挺不错的，为什么会想到要辞职考雅思，去国外深造呢？郑建伟的回答出乎人们的意料，他说："人生是一棵向上的树,尽管树会有弧度,会倾斜,有时甚至会面对狂风暴雨的摧残,但它始终是努力向上的。"

"人生是一棵向上的树。"说得多好啊,一个双目失明的残疾人,不悲观,不颓废,不抱怨,心中充满了正能量,始终努力向上,此等境界令人钦佩,也值得学习。

小小汤勺作用大

何庆东是四川一家名叫"蜀汉人家"的火锅店老板。虽然"蜀汉人家"规模不算大,且开业仅半年时间,但生意却非常不错。说起做生意的秘诀,何庆东总是笑眯眯地拿起一把汤勺,说:"这就是我的镇店之宝。"小小汤勺真能招揽来顾客吗?

半年前,何庆东就计划好在成都市的一个繁华地段开一家火锅店。找地盘、装修、招工人,一番忙碌之后,"蜀汉人家"火锅店就开张了。让何庆东感到郁闷的是,一周时间过去了,店里光顾的客人却不多。难道是竞争导致的?何庆东觉得这确实是一个原因,但不是主要原因。

一天傍晚,何庆东早早地就站在店门口接客。今天的客人不少,没过一会,何庆东就发现厅堂的座位几乎满座。就在暗暗窃喜的时候,他发现了一个现象:有一桌女客人似乎想起身出去。何庆东急忙走过去询问她们:"不知几位对本店有什么不满意的吗?"

一个女顾客有点不好意思地说:"不是不是,只是最近我吃得太油腻了,所以想想还是不吃火锅了。"随身起来的几个女顾客也纷纷附和着。

何庆东这才想到,四川人虽然爱吃辣,但火锅表面的辣椒油让他们受不了,特别是女性顾客,她们极害怕脂肪增多。想到这,何庆东抬头看了看其余座位的顾客,发现女顾客确实很少,这更加证实了他的猜测。让顾客多喝清汤少吃油腻!何庆东冒出了这样的想法,他对即将离去的几名顾客说:"油腻确实影响健康。我准备针对这个问题进行改善。不知几位可否留下联系方式,好在几天之后接受本店的邀请,免费亲身体验'无油火锅'?"

"无油火锅"?几个女顾客吃惊地问。不过听说可以免费体验之后,她们纷纷把自己的手机号码留给了何庆东。临走时，女顾客们打趣地说："我们希望早日接到老板的邀请电话哦。"

天下哪有"无油火锅"？其实何庆东说出自己的承诺时心里一点底也没有，不过他坚信一点：只要自己用心，一定可以减少火锅里的油，让顾客们吃出健康。

当天晚上，何庆东就开始研究起来。他分析，在火锅里下工夫几乎没多大可能，因为不用油将直接影响火锅的口感。在进顾客碗里之前，火锅唯一接触的就是汤勺。对，就在汤勺里下功夫！如何能让油不被舀进汤勺里呢？想到油比水清，所以何庆东决定在汤勺的底部钻几个孔，让汤从底部进入汤勺，避免开表面的油腻。

钻孔解决了汤和油的分开问题，接下来，怎么让汤顺利地盛到顾客的碗里呢？何庆东又想到了比较顺贴的材料——硅胶。他用硅胶做成弧形薄片，然后把一端固定在汤勺的内底部。做完之后，何庆东立即做起试验，他发现，汤勺不仅去掉了很多油腻，还能在硅胶薄片的作用下一滴不露地倒到碗里。第二天，何庆东立即叫工人们加工出一批去油汤勺。

一切弄妥之后，何庆东按照约定请来了那一桌女顾客。在厅堂里，几个女顾客当场试起了去油汤勺。一个、两个，七八个女顾客纷纷见证了汤勺的神奇分油功能。这一顿火锅，她们吃得非常开心。有了她们的肯定之后，何庆东在之后的日子里也给新顾客试用这种汤勺。短短几个星期过去了，何庆东的"无油火锅"受到了顾客们极大的喜爱。随后，"蜀汉人家"的生意越来越红火。

一把小汤勺，舀进的不仅仅是无油清汤，也是健康，最重要的是，它舀到了顾客的心。"蜀汉人家"的成功，正是何庆东的敢于"夸口"和用心成就出来的。

苦中作乐的顽强精神，不屈不挠的人生态度！

[第五辑　即使跌倒，也要笑]

不经失败，

不跌跟头，

没有"跌倒也要笑"的精神，

不会真正的成熟。

别忘记自己

有一个民间故事说，一只母猪带着九只小猪过河，临过河母猪怕把小猪淹死，仔细点了点数，连它算上，过河的一共是十只猪。等过了河再一数小猪，发现了只有九只了。于是母猪就站在河边，朝河里看，只见河水滔滔而去，却不见丢失的那个小猪的影子。母猪认定，是河水把它的小猪淹死了，就在河边伤心地哭起来。一只过河的狗看见它哭，问它为什么伤心。母猪把丢小猪的事说了。狗告诉它说：你的小猪没有丢，不信你再数数。母猪又数了一遍，果然岸上一共十只猪。它很奇怪，狗告诉它说：你忘了自己。

人们都把这个故事当笑话听。其实这个故事说的，未尝不是现实中的事。人非圣贤、完人，怎能无瑕疵，怎可无遗憾，要想面面俱到，全能全有，从古至今，未曾有之。但世间只有想不到的事，没有做不到的事。我是谁？我怎样如何做人？我能干什么？我做得怎样？我要到哪里去？在茫茫的人生旅途，我们必须时时问问自己，叮嘱自己，给自己亮起一盏心灯，磨砺自己，这样才能把人做好，把事做好。你说是吗？

挪威大剧作家易卜生有句名言："人的第一天职是什么？答案很简单：做自己。"做自己，看似再自然不过的事，实则不容易。它遇到的第一个强劲对手就是"自己"。需要时时战胜自己，找回迷失的自己，才能做自己。

能否战胜自己是和能否认识自己联系在一起的。认识自己是前提，战胜自己是必然。老子说："知人者智，自知者明，自胜者强。"对自己的聪明、才智、能力、经验、环境、条件等方方面面有个清醒的认识和科学的判断，才能准确地把握自己，冷静地驾驭自己，实事求是地规划自己，让生命之舟沿着正确的航向鼓帆前进。不过高估计自己，才能克服自负和任性，才能不想入非非，不浮躁癫狂；不过低估计自己，才会战胜自卑和怯懦，才会不缩手缩脚，才会不胆小怕事；而一旦步入误区，又迷途知返，及时修正自己。这才会不缩手缩脚，才会不胆小怕事；而一旦步入误区，又迷途知返，及时修正自己。这f样才能活得真实自在，才能充分实现自己的人生价值，才是活得潇洒，才是保持了自己的个性，才是没有失却自己。

不是做官的料，不必眼巴巴地企盼末班车般地等位子；不是经商的料，不必绞尽脑汁辞行算着如何凑钱办公司；不是张顺，就不要争着下水；不是李逵，也不要抢着上岸。该怎样生活就怎样生活，该做什么事就做什么事，该做什么人就做什么人。总之是自自然然地做自己，堂堂正正地做自己，舒舒坦坦地做自己，不要强行扭曲自己，那样既痛苦，对社会和个人来说又是一种损失。

"浮生若梦"，"人生几何"。从生命的短暂性来说，人生的确是一场梦。人来到这个世界上走一遭，应该想方设法活得自如，活得轻松，活得舒心。因此，要尽可能地把握生活中每一点美好的时光，把握每一次可能碰到的机遇，把握自己的一生，精精神神，实实在在，健健康康地活着。有许多人觉得"活得累"，大多是"迷失"了自己。有些人惯于搞歪门邪道，善于逢迎拍马，长于千方百计抬高自己，挖空心思贬低别人，甚至做出媚上欺下、弄虚作假等丧失人格的事来，这样的心态，岂有不"累"之理？人活世上，要不卑不亢，没必要违心地做人，更无须戴上假面具逢场作戏。

活着，从形式上讲可分为两种：一种是给别人看；一种是给自己看。活给别人看，叫作死要面子活受罪。活给别人看，就会与别人比较，总感觉自己票子不如别人的多，车子不如别人的好，妻子不如别人的靓，儿子的成绩不如别人的好……越比越心烦，越比越窝火。真所谓"货比货得扔，人比人气死"！人应该活给自己看。身体是自己的，生命是自己的，灵魂是自己的，人生也是自己的，既然都是自己的，为什么要活给别人看呢？的确，只要自己活得舒心，完全没有必要太在意别人的评判。

"清水出芙蓉，天然去雕饰"是一种天然美，做真实的自己，做最好的自己，正是这种天然美在人生观上的体现。这同样是一种很高的境界，不要小看呢。可以想象，如果我们每一个人都能守住自己的清纯本性，展示自己的人格风采，那么将会变得多么精彩。

别失去了自己

童年和少年是充满美好理想的时期。如果我问你们,你们将来想成为怎样的人,你们一定会给我许多漂亮的回答。譬如说,想成为拿破仑那样的伟人,爱因斯坦那样的大科学家,曹雪芹那样的文豪等等。这些回答都不坏,不过,我认为比这一切都更重要的是:首先应该成为你自己。

姑且假定你特别崇拜拿破仑,成为像他那样的盖世英雄是你最大的愿望。好吧,我问你:就让你完完全全成为拿破仑,生活在他那个时代,有他那些经历,你愿意吗?你很可能会激动地喊起来:太愿意啦!我再问你:让你从身体到灵魂整个儿都变成他,你也愿意吗?这下你或许有些犹豫了,会这么想:整个儿变成了他,不就是没有我自己了吗?对了,我的朋友,正是这样。那么,你不愿意了?当然喽,因为这意味着世界上曾经有过拿破仑,这个事实没有改变,唯一的变化是你压根儿不存在了。

由此可见,对于每一个人来说,最宝贵的还是他自己。无论他多么羡慕别的什么人,如果让他彻头彻尾成为这个别人而不再是自己,谁都不肯了。

也许你会反驳我说:你说的真是废话,每个人都已经是他自己了,怎么会彻头彻尾成为别人呢?不错,我只是在假设一种情形,这种情形不可能完全按照我所说的方式发生。不过,在实际生活中,类似情形却常常在以稍微不同的方式发生着。真正成为自己可不是一件容易的事。世上有许多人,你可以说他是随便什么东西,例如是一种职业,一种身份,一个角色,唯独不是他自己。如果一个人总是按照别人的意见生活,没有自己的独立思考,总是为外在的事务忙碌,没有自己的内心生活,那么,说他不是他自己就一点儿也没有冤枉他。因为确确实实,从他的头脑到他的心灵,你在其中已经找不到丝毫真正属于他自己的东西了,他只是别人的一个影子和事务的一架机器罢了。

那么,怎样才能成为自己呢?这是真正的难题,我承认我给不出一个答案。我还相信,不存在一个适用于一切人的答案。我只能说,最重要的是每个人都要真切地意识到他的"自我"的宝贵,有了这个觉悟,他就会自己去寻找属于他的答案。在茫茫宇宙间,每个人都只有一次生存的机会,都是一个独一无二、不可重复的存在。正像卢梭所说的,上帝把你造出来后,就把那个属于你的特定的模子打碎了。名声、财产、知识等等是身外之物,人人都可求而得之,但没有人能够代替你感受人生。你死之后,没有人能够代替你再活一次。如果你真正意识到了这一点,你就会明白,活在世上,最重要的事就是活出你自己的特色和滋味来。你的人生是否有意义,衡量的标准不是外在的成功,而是你对人生意义的独特领悟和坚守,从而使你的自我闪放出个性的光华。

在历史上,每当世风腐败之时,人们就会盼望救世主出现。其实,救世主就在每个人的心中。耶稣是基督教徒公认的救世主,可是连他也说:"一个人得到了整个世界,却失去了自我,又有何益?"这一句话值得我们永远牢记。

别忽略那些感动

早上去楼下的报箱取报时,打开报箱,忽然从里面掉出一张报纸和一张小纸条来。报纸是我给儿子订的《作文报》,小纸条是什么?细一看,并不是纸条,而是一只折叠得非常精美的千纸鹤。打开,上面写着几行娟秀的小字:"订报的叔叔,您好!非常对不起,昨天把您的报纸拿到了我家里。晚上妈妈从超市买东西回来时,发现报箱里的报纸掉地上了,便捡回来交给了我。我读了这份报,办得真好,是您为孩子订的吧。为了不耽误您孩子看报,我早上就把这份报纸重新插进了您的报箱,耽误您看报了,对不起叔叔!一楼,3月20日早。"

春寒料峭,这只千纸鹤却让我的心一下子暖了起来。在小区内,楼外的报箱丢报现象时有发生,想不到这家人居然这么细心。从语气和字迹上看,他应该是个学生吧。孩子这般懂事,真让人感动!

拿着报纸和千纸鹤,脑海里浮现出平时许许多多让我感动的那些小事。

一位朋友从我这里借走一本书。还书时,我发现她居然给书包了个精美的书皮!她说:"看了你在书中做的批注,知道这是一本你非常看重的书,所以我给它穿了件外衣,怕弄坏它。"捧着书本的那一刻,我只觉得胸间清风骀荡,暖阳灿烂。

春节前夕,对门新来的住户突然敲开我家的门,手里端着一盆正在盛开的水仙花,"马上要过年了,送你家一盆水仙,我媳妇栽的,给你们增添点节日的气氛!"接过水仙的那一刻,我觉得整个楼道里都飘满了水仙的清香,那清香竟然带着阳光的味道。

楼上住户下楼时,发现我家防盗门上插着一串钥匙——妻子外出锁门时，匆忙间忘了拔钥匙。这位大妈竟放弃了上街买菜，拔下钥匙，整整在楼道里等了我妻子一个小时！当妻子向她致谢时，她只淡淡地说了一句："楼上楼下住着，相互照应是应该的嘛！"一句朴实的话，却让我和妻子连续几天都沉浸在"远亲不如近邻"的温馨氛围之中。

前几日出门时，忽然发现楼门口的电子门上贴出了一则"公告"：近期高中学生上晚自习，晚上9点钟放学，请各位家长安好走廊感应灯！寥寥数语，让全楼的住户都感到有一股春天的暖流涌入心间。

坐在单位的办公桌前，掏出烟来刚想"熏"着，猛然发现电脑旁贴着一行打印的提示：请节制吸烟。人到中年，更要关心自己的健康！知道是同事干的，心里一热，赶忙把掏出的烟放了回去……

类似这样的事，在我们的日常生活中经常发生。也许会有人诧异地说："这有什么大惊小怪的呀，都是些鸡毛蒜皮的小事嘛。"是的，这些事，既不惊天动地，也无豪言壮语，但恰恰是这些常常让我们忽略的瞬间和情节，在组成、充实并感动着我们的生活。它们如随风潜入夜的丝丝春雨，润泽着我们日渐麻木的心田，使我们"曾经沧海"的心灵园圃绽放出爱的翠绿和感恩的花朵！

那些常被我们忽略的感动，无时无刻不在提醒着我们：珍惜生活的美好，珍视生命中的感动！

葎草人生

说葎草可能许多人不知道,要说拉拉藤或苦瓜草知道的人就多了。我们麒麟畈人叫它老虎藤,人见人怕。

葎草丛生的地方,稍不注意,它就拽住你不放,不是手脚被划破,就是衣裳被扯烂,因此乡下人多不喜欢这种草。虽然葎草不是什么有毒的东西,但人人敬而远之,如果出现在地头屋角,总要将其除之而后快。

葎草的生命力很旺盛,随处都能生长,而且很疯狂,很野性。只要有它们的身影,其他生物必然黯然失色,不是斗不过它们,就是被它们缠得奄奄一息,最后只好放弃抵抗,甚至很悲壮。在肥沃的地方,少有它们的踪迹,不是它们不喜欢肥沃的土地,而是它们根本没有那个福气。稍许肥点的地方都被开垦了,为了稼穑,农民毫不留情地斩草除根。葎草要想繁衍下去,只好退守荒莽而贫瘠的土地。只要有阳光,只要有泥土,不管腐质含量高不高,它们都能顽强地生存——它那满身的勾刺锋利如刀,令人望而却步。如果你不去招惹它们,它们也是很美的,完全可以算得上风景。六裂海星般的叶片绿得可爱,特别是在荒山秃岭的地方,让我们看到生命的力量和希望。我有时候想,如果贫瘠的地方都栽上草岂不是一种很好的绿化吗?事实上,已经有许多地方将葎草作为荒山野地的绿化植物而普遍种植。甚至有的地方将葎草当作经济植物种植,收获其根、茎等,制作中草药,为农民创收。

在西城漫步中,我时常突发奇想,开辟新的道路,这也是对自己习惯势力的一种挑战。走在这些新辟的道路上,往往有葎草挡了去路。不是我惧怕它,而是觉得挺抱歉的,它们已经被我们赶到不显眼的地方了,为什么还要把它逼到绝路上去呢?所以,遇到这种情形,我还是避让。按照张载老先生的话来说,民吾同胞,物吾与也。仅有人类的和谐还是不够的。

记得有年秋天,我带女儿到西城野游,她一不小心陷入葎草丛中,结果吓得大哭,手脚均被葎草刺得鲜血淋漓。回家后,浑身瘙痒不止;看医生,医生说是植物过敏。直到今天,想起这件事,女儿仍然心有余悸。这是植物对人类的一种警告方式,以此实现自我防护。

葎草将自己安放在最低层、最普通的位置上,不失尊严地生活着、生长着,顶一方天,绿一片地。它们无意招惹是非,但对于入侵其境者,也决不心慈手软,一定让你留下痛苦的记忆,然后再也不敢招惹它们。

葎草虽然是弱者,但弱者也有自己的生存之道。它们有反抗精神,却始终保持美丽的姿态。关键是我们如何去看待它们。如果人、物能够相互尊重,相互避让,给它们一番天地,它们也就成为我们心目中的风景,既美丽了自己,更美丽了我们的视野,我们的心田。

现实生活中,也有一种人像葎草,看上去挺可怕的,不可临近,其实他们是弱者。这种"可怕"是一种外强中干的表现,他们需要别人的理解与安慰。如果让这些弱者能够很好地生存、生活,那就应该给他们一片天地,别去剥夺他们的生存田地与自由空间,别去遮挡他们的阳光,而让他们有尊严地活着,这就是葎草人生。

人生需要示弱

朋友公司一位销售经理，工作上干练沉稳，战功赫赫。公司年会上，他常被安排和领导们同桌。孰料，美国总部准备提升他时，中国区几位领导，连同他的直属上司，都在大老板面前一致反对，列举了其种种不是，竭力推选另一位资历平平的候选人。他听说后很不忿儿，干脆跳槽。少了东家的门牌，没了原团队的配合，据说他在新东家激烈的竞争里逐渐失去昔日风采，后来连东家的仇敌也不太乐意接收他。

我们常常看到类似现象，有的人做事高效，尽责完美，在公司里却不得人心，没有什么好人缘。如果不是其人品问题的话，便是他实在太优秀。优秀到博得了领导太多赞赏，让同事辛苦拼来的业绩失去光彩；优秀到所向披靡，无人能敌。无人能敌的处境就是——所有人都是你的敌人。

诚然，商务社会指望他人同情并不靠谱。于是职场人习惯扮演诸多NB角色，咆哮体也好，绝杀型也罢，反正不能显示弱项，以防被踩成炊饼。但与其做所有人的敌人，不如找些机会展示自己的不足。人都擅长挑战强者，对强悍的人充满嫉妒，少有人会去找弱者的茬儿。偶尔说一声"我不行了"，结果并没有想象中的恐怖。

我们有位深得上司器重的高级经理，负责公司最为核心的部门之一，白天辛苦劳作，晚上还要赶场陪客户，喝完红白十八碗后，再狂飙回公司加班直至凌晨。在我打算送给他"铁人王进喜"的称号时，他终于被传染上了重感冒，声音虚弱，走路打飘儿。但他依旧坚持上班，吹着鼻涕泡在键盘上手指翻飞。后来由于一个小差错，被老板叫到办公室狠训，陡然心灰意冷，请假一周去医院输液。

在离开他的日子里，部门运转如飞，未做完的CASE（实事、事例、项目……）由其他人顺利接手。几个同事去家里探病，回来后都感慨，他也会生病啊，真没想到，怪可怜的。等高级经理康复上班当天，很多人都主动去和他打招呼，好像多年未见的老友。不久，他也如期得到了升职。

做出的努力，谁都看在眼里。身体不行，就不要强撑，有什么比健康更重要呢？

至于老板，也不见得要永远表现得强悍。从牙齿武装到脚趾头的领导，往往并不得民心。权威式管理，只能带来暂时的服从。这不是一个军事化时代，你也不可能做一辈子老板，适度放低姿态，只会得到更高的尊重。

去客户的公司做项目，发现对方有位深得人心的女老板，十分擅长巧妙示弱。比如，"小A啊，你说我们办公室要不要重新换个布局？""小二呀，有时间教我用下蓝牙耳机，我们这代人就是没用。"他们公司的人都很拥护她，这大概是其中一个原因。在《杜拉拉升职记》里，患有封闭空间恐惧症的黄立行，在电梯故障时吓得手足无措抱住徐静蕾发抖，银幕前响起一片理解的笑声，没人觉得酷男讨厌，只会觉得酷男亦有可爱的一面。

示弱的好处不仅可以给人全新的好印象，最明显的是，你能感受到先前很少体会到的信任和温暖的力量。

有一段时间，我几乎每周都要往返于北京和南京，身心俱疲。有次飞机刚刚起飞，几个强气流过后，我就开始头晕眼花得想吐。强忍半天，连心跳都开始提速，我意识模糊纠结了5分钟，忍不住转头对身边的陌生男说："不好意思，我特别难受，能不能扶您一下？"陌生男听后，把手伸过来，让我握住。片刻后又一强气流，他也紧握住我的手，安慰说很快就不难受了，然后不断讲话分散我的注意力。此时性别已成浮云，只有最简单的真诚。今天想来，都倍感温暖。

不过话说回来，示弱并不能代表可以逃避责任。同时次数不能过多，否则会过分消耗大家对你的同情心和信心。比如，在要你做决定的关键时刻，你不能抱着头说好痛苦呀，我有选择恐惧症，到底该怎么办呢；比如业绩上不去，年终会议上，你流泪第一次，大家会为你动容；如果反复流泪，大家会认为又来一中戏毕业的，还是赶紧去接替发哥吧。

总之，在具备实力的前提下，适当地示弱是为了告诉大家你非完人，你也需要帮助。何况机器猫也怕老鼠，蜘蛛侠也有休息的时候，咸蛋超人也不是每次都打赢小怪兽的。

有生之年狭路相逢不能幸免，我们本不那么坚强，何必又装得坚硬？

即使跌倒，也要笑

日本著名哲学家中江兆民，早年留学法国，学养厚重，著述译著多部，人称"东方卢梭"。1901年，他54岁时被检出患了咽头癌，医生判断最多只能活"一年半"。他在"只要有一口气，就一定有事可做，也可过得愉快"的信念支持下，开始最后两部著作的写作。他最终没有活过"一年半"，但气管被割开，"枯瘦得像仙鹤一样"的他，却以超常的毅力，完成了日本学术史上里程碑式的著作《一年有半》《读一年有半》。他在重病期间写的名诗《跌倒时也要笑》，也在日本不胫而走，流传至今。

跌倒也要笑，是苦中作乐的顽强精神，是不屈不挠的人生态度，具有这样的可贵品质，早晚会走出低谷，再创辉煌，即便壮志未酬，也会虽败犹荣，虽死犹生。

当年，曹操兵败赤壁，80万大军被扫荡一空，身边只有数骑。逃亡路上，将士都心情沮丧，无精打采。曹操却谈笑风生，似乎是在凯旋。他的乐观情绪感染了周围的人，行进速度明显加快，不久便脱离险境，回到魏地。后来重整旗鼓，卷土重来，也没要太长时间。

苏东坡因乌台诗案被贬谪，这一跌让他跌得鼻青脸肿，惨不忍睹，先贬黄州，又贬颍州、惠阳，最远贬到海南儋州，这是仅比满门抄斩罪轻一等的处罚。面对人生低谷，超强的乐观精神救了他，东坡放言："百年须笑三万六千场，一日一笑，此生快哉！"于是，黄州城外赤壁山前开怀一笑，《赤壁赋》《后赤壁赋》和《念奴娇·赤壁怀古》等千古名作便横空出世，奠定了他文化伟人的历史地位。

金圣叹因受"抗粮哭庙"案牵连而被朝廷处以极刑。行刑日，凄凉肃穆，杀气腾腾。吃完"送行饭"，金圣叹叫来狱卒说"有要事相告"，狱卒慌忙跑来，没想到他贴近狱卒耳边，故作神秘地说："花生与豆干同嚼，大有肉之滋味，此中秘密，幸勿外传。"说完，哈哈大笑，声震房宇，面对死神犹能说笑自如，大彻大悟的他走得一定安详。

曾有人说，三个苹果改变了世界：一个苹果诱惑了夏娃，一个苹果砸中了牛顿，还有一个苹果在乔布斯手中，这个苹果被咬去一口，是他多年遭受苦难的隐喻。创业、跌倒、再创业、再跌倒，经过十几年的打拼，他终于有了自己的公司和产品。可是，他的手下居然发动"政变"，把他从自己的公司扫地出门。跌了这样的大跟头，他不过淡然一笑，又开始重新创业。不久，机会来了，他原来的公司终于看到了他的价值，又请他回去主持大局。从此，他便如鱼得水，大显身手，事业一路高歌，奇迹接连出现，他的产品影响了整个世界。

《菜根谭》说得好："得意时论地谈天，俱是水底捞月；拂意时，吞冰啮雪，才为火内栽莲。"就是说，作为一个修行人，处处顺境，就得不到真实修行；必须要在逆境中，才能够有所成就。作为一个创业人，不经失败，不跌跟头，没有"跌倒也要笑"的精神，也不会真正成熟。

笑一笑，十年少；愁一愁，白了头。但是，成功、胜利时笑，得意、幸福时笑，都不足为奇，那是人之常情，谁都能行。而失败、铩羽时还会笑，折戟、落难时还能笑，就非常人所能为，必有过人之处，或为百折不挠的英雄好汉，或为意志超强的仁人志士。对他们来说，失败只不过是成功前的一次演习，落难无非是人生的一种体验，身处低谷只是为攀登高峰积蓄能量，卧薪尝胆是为了换来"三千铁甲可吞吴"，只要能顶得住，不泄气，咬紧牙关，笑对坎坷，就必然会迎来柳暗花明又一村。这样，你可能就是笑到最后的曹孟德，笑傲天下的乔布斯，笑贯千古的苏东坡。

人生如牌局

前不久，我和几个朋友相聚，饭后，大家玩起了"斗地主"。第一把我运气比较好，分到了一手好牌，理所当然地做了"地主"。由于大牌在手，我有些沾沾自喜，认为十拿九稳，丝毫没将对手放在眼里。可一番狂轰滥炸后，我才惊恐地发现，自己根本没有必胜的把握。接着一个小小的疏忽，让对手占了先机，他一股脑儿就将牌出完了。结果，我将一把好牌打成了败局，事后不禁扼腕叹息，后悔不迭。

第二把我的运气也还不错，分到了一手中等牌。虽然这把牌没有王者的风范，但亦攻亦能守，只要打好了，获胜的机会仍然相当大。然而遗憾的是，我没有把握好机会，该占不占，该炸不炸，结果让"地主"钻了空子，功亏一篑，再次败北。

第三把我的运气特别差，分到了一手烂牌。从牌面看，取胜的概率几乎为零，尽管如此，我还是没有放弃。经过冷静思绪，经心观察，我沉着应对，兵来将挡，水来土掩。后来因为我掐准了对手的死穴，加上与朋友的默契配合。结果，柳暗花明，绝处逢生，我们打了"地主"一个措手不及，这一局竟然出乎意料地胜了。

就这样，反反复复，时而好牌，时而中等牌，时而烂牌，但最终因为我的运气欠佳，还是成了唯一的负者。虽然那晚我输得很惨，却从中悟出了一个道理。

人生就如牌局，发牌的是上天，而出牌的是自己。只要牌一发下来，大牌小牌就已注定，无论你抱怨也好，怒骂也罢，一切皆成定数。就像我们的出生，有的人一生下来就落入了富人窝，而有的人一降生就掉入了贫民窟。有些东西，我们无法改变，也无须去改变。既然得到了一手烂牌，那就顺其自然，心安理得地接受，并尽最大努力出好手里的每一张牌。

　　胜负通常是一个未知数，并非完全由大牌决定，其中还存在着许多不确定的因素。比如，心态，时机，策略，配合等。牌打好了，可以使劣势变为优势，甚至改变最终的结局。我们经常看到一些人将手中的好牌打得一塌糊涂，也经常看见一些人反败为胜，将一手烂牌打成一手好牌。同样，一些出生良好环境的人，他们不善于运用身边得天独厚的条件，结果庸碌碌，一事无成；而有的人，虽然家庭环境差一些，但他们凭借自身的优势，不断地奋斗和拼搏，结果功成名就，事业辉煌。也许你改变不了自己的出生，但你绝对可以改变未来的世界，因为主动权永远掌握在你自己的手里，如何出牌？如何应对，完全是你自己说了算。

　　经常打牌的人可能都有这样的体会，有时运气好，几乎不费什么力气就能大获全胜；而有时运气却很差，总是输得多，赢得少。我们的人生也是这样，没有人手里永远是好牌，也没有人手里永远是烂牌；没有人一辈子一帆风顺，也没有人一辈子举步维艰。因此，春风得意时，不可以得意忘形；而四面楚歌时，也用不着悲观绝望。

拖延等于死亡

年少时，每个人都胸怀梦想，可是，后来真正把梦想变成现实的人却少之又少，究其原因，很多人的梦想并未付诸行动。

18岁那年，他有一个美好的梦想，希望能考上一所重点大学。本来他的这个梦想并不遥远，除了英语成绩差些外，其他学科都相当不错，只要他肯稍加努力，将英语成绩提上去，完全可能实现自己的愿望。然而遗憾的是，他太惧怕那些枯燥的A、B、C，只坚持了几天就退缩了。结果，他的这个梦想真的只是一个梦，尚未行动就夭折了。

23岁那年，他有一个美好的梦想，希望能取到一位漂亮的姑娘。本来他的这个梦想并不遥远，因为他善良淳朴，乐于助人，勤奋踏实，很多女孩子都喜欢他。然而遗憾的是，他十分自卑，认为没有房子，没有车子，没有存款，人家凭什么喜欢自己呢？于是，当那个心仪的女孩真正走进他的生活时，他选择了退缩，连与别人交往的勇气都没有。结果，他的这个梦想真的只是一个梦，尚未行动就夭折了。

25岁那年，他有一个美好的梦想，希望成为一个有钱人。本来他的这个梦想并不遥远，因为他精明能干，很有做生意的天赋，并且也看准了一个赚钱的项目，只要他大胆地按计划实施，再假以时日，他极有可能成为一个让人羡慕的富翁。然而遗憾的是，他害怕风险，舍不得放弃安逸稳定的生活。权衡再三之后，最终他选择了放弃。结果，他的这个梦想真的只是一个梦，尚未行动就夭折了。

70岁那年，他有一个梦想，希望能在人间留下了一些痕迹，这次他没有犹豫，因为他知道自己剩下的时光实在不多，于是他排除一切干扰，静心写作，数年如一日。三年后，他成了一位知名的作家。此刻，他才真正意识到行动是多么的重要。

阿莫斯·劳伦斯曾说:"形成立即行动的好习惯,才会站在时代潮流的前列,而另一些人的习惯是一直拖延,直到时代超越了他们,结果就被甩到后面去了。"当我们心中确立了一个目标后,不是站在原地等待机遇降临,也不是等着别人伸出援助之手,而是马上行动起来,不管前方有多少荆棘,有多少坎坷,有多少磨难。

一件再困难的事,其实开头往往只需要几分钟,可是很多人却因为畏首畏尾,瞻前顾后,结果致使好不容易燃起的理想之花,瞬间就熄灭了。曾经有人对世界上的成功人士作了一个调查报告,结果发现,他们有很多共同的特点,那就是,只要他们认定了一件事,无论会面临多大的困难,也无论将来是成功还是失败,他们总是从不拖延,立即行动,并孜孜不倦地朝着心中的目标进发。

成功学家认为,成功没有什么了不起的,只要你坚持用十年时间来做同一件事,即使你资质平庸,也同样可以将优于你的人远远地抛在脑后。只是在茫茫红尘之中,很少有人做到这一点罢了。

当然,成功肯定需要付出汗水和心血,需要承受压力和痛苦,甚至受到伤害和屈辱,但我们不要畏惧这些。正如爱默生所说:"当我们真正感到困惑、受伤、甚至痛苦时,我们会从柔弱中产生力量,唤起不可预知无比威力的愤慨之情。"苦难不仅能让人积累成功的经验,也能让人迸发出巨大的力量,许多伟大的人就是凭借着这种力量,才一步步地走向成功的。

渴望成功,或想在事业上有所建树的朋友,请你们务必记住,立即行动起来,不要拖延,因为拖延等于死亡。

在疼痛上起舞

人生总会经历许多疼痛。虽然人的本能会拒绝疼痛，因为肉体无法抵御它的折磨。别说刮骨疗毒，就是小刀割破手指都难以忍受。能抵御疼痛的是精神和意志，它是伤口上重新长出的嫩肉，能让你深刻地感悟疼痛。从一定意义上说经历疼痛，是在理解一种人生的哲学。

十二岁那年，我骑自行车时一头栽进了水渠里。腿都磕烂了，露着惨白的骨头。当医生剪掉那些烂肉时我疼得满头大汗，但还是咬着牙挺了过来。我当时死劲儿地抓着母亲的手，母亲的眼泪和鼓励，减轻了很多疼感。这让我经历了一次磨炼。后来锄地时锄伤过脚指头，割草时割破过手指头，虽然鲜血淋漓，但我不再害怕，我有了忍耐疼痛的经历，就像种子撒在了心野上，随时准备着绿满原野。十二岁时的疼痛，让我体会到母爱的力量。

十八岁时外婆去世。那种疼痛没有伤口，却撕心裂肺，让我顿感鲜花无色，飞虹无彩，流水无声，身子成了空壳一样。我童年那些和外婆紧紧连的快乐，就像一座经典的建筑顷刻间坍塌了，却又耸在心底。跪在外婆的灵前，我欲哭无泪。那是大悲无泪、大哀无泣啊。外婆弥留之际还从褥子底下摸出20块钱，让我当读书的生活费。当时，我不知怎样才能摆脱心灵的疼痛。很长时间，我站在外婆家的门口时，就会想到外婆夕阳下纳鞋底儿的情景，夜里睡觉时会想起外婆给我掖被角的慈祥，会想象哪一棵树、那一簇花朵不是外婆的化身。这种疼痛，像有一堆钢针有肉体里蠕动。但在许多日子之后，我终于摆脱了疼痛。我知道生命总有回归泥土的时候，一味沉于失去亲人的悲痛，就是背离了亲人的希望。外婆一生勤俭、为人厚道，十里八乡口碑甚好，外婆让我有了一面人生的镜子，让我选择了正直善良和努力向上。

  再后来曾因官场失意而心哀难容，像拉锯，像火烧，像针扎，我的每一个细胞都不停地战栗。即便夜梦时，这种疼痛都会幽幽地推开我睡眠的大门，魔鬼般坐在我的面前。我必须摆脱这种境况。我不能死亡。其间，生命中还会有鲜花、阳光、事业和爱情，我必须站起来。我在日记里说每个人都是一粒种子，种下去就会发芽，就会收获，不管是小麦还是玉米、大豆还是稻子，我说人要学会驾驶自己，要学会超然、理智和从容，要学会从长计议另谋它途，这才是治愈生命之痛的灵丹妙药。好多个月夜，我披衣起床，默默地和内心的疼痛对话，和伤感低语，缠缠绵绵也激情昂扬。渐渐竟有了很多的感悟，就像种子拱出了土壤，长出了绿芽。当时，我想起了二十岁的疼痛。我突然感到人在成熟之后反而少了许多抵抗疼痛的力量，这说明什么？

  其实，我知道我们每天都在经历疼痛。劣质仪器让我们疼痛，诚信缺失让我们疼痛，道德下降让我们疼痛，贪官污吏让我们疼痛……疼痛每天都在折磨着我们。但我知道对于一个正直的人，这种疼痛是走向智慧的阶梯、善良的阶梯，滋生着美好的渴望。人生既然无法拒绝疼痛，就在疼痛中涅槃吧！

  回首往事，或是想想今天和明天，我们都无法避免疼痛。重要的是我们必须坚韧地接受它，并且能让微笑和希望在疼痛中欢快地舞蹈，那便是灵魂的又一次新生，这种新生有着巨大的力量，如同普照万物的阳光，能让一切美好的事物蓬勃生长。

不抱怨的价值

小的事物,也有其存在的价值。每个人都拥有无穷的潜能,只是需要去挖掘而已。所以,不要去忌妒别人的命有多好,也不要抱怨自己的价值没有被人发现。如果你本身是一颗珍珠,纵使被禁锢在坚硬的贝壳之中,也迟早会被人发现;假如你只是一粒沙子,即使在阳光照射下的海滩上,也会永远被游客踩在脚底。

约翰从斯坦福大学毕业之后进入了一家规模很小的财会公司。每天,他像所有新入职的年轻人一样从事着简单的工作。他常常有一种怀才不遇的感觉,因为得不到重用而终日愁眉苦脸,不停地向身边的亲人和朋友抱怨。

一天,约翰终于忍不住心中的愤懑前去质问上帝:"命运为什么对我如此不公平?"

上帝沉默不语,不动声色地从地上捡起一颗小石子扔进了乱石堆里,上帝对约翰说:"请你利用你的才能和智慧,将我刚才扔掉的石子找回来吧。"

约翰翻遍了乱石堆,无功而返,他不满地说:"您还没有回答我的问题呢!"

这一次,上帝皱了皱眉头,他走到约翰身边,摘下了约翰手上的戒指,再一次扔进了乱石堆。约翰既吃惊又生气,他没等上帝说话便迅速地跑到石堆旁,这一次,他很快便找到了那枚金光闪闪的戒指。

约翰怒气冲冲地走到上帝面前,还未开口上帝却说了这样一句话:"你是那颗石子,还是这枚戒指呢?"

看着面带微笑的上帝,约翰恍然大悟:当自己还只不过是一颗石子,而不是一块金光闪闪的金子时，就永远不要抱怨命运对自己不公平。

　　当我们抱怨现实对自己不公时，先问一下自己到底是石头，还是金子。有人往往对自己评价过高，一旦受到挫折时，就会觉得自己怀才不遇，从而会转成另外一种极端：对自己评价太低。这真是令人感到遗憾的事。不适当的评估从心理学角度来讲都是非常态的，而且这种预计的结果，常常会致使人们对生活、学习、工作等产生不良的心态。只有恰当的自我认识才能造就美好的人生。

　　价值从来不需要用牢骚来证明，一个人唯有先征服自己，才有能力征服他人，让别人信任自己。有位作家曾经说过："自己把自己说服了，是一种理智胜利；自己被自己感动了，是一种心灵的升华；自己把自己征服了，是一种人生的成熟。大凡说服了、感动了、征服了自己的人，就有力量征服一切挫折、痛苦和不幸。"所以，当你想要向世界证明自己的能力时，请先让自己相信，你是一个真正有实力的人，而不是一个"抱怨鬼"。

　　一旦你发现并肯定了自己的价值，就请冷静、坚定、自信地守护你的理想，只要你相信它，它就能实现。不要忘记时刻给自己呐喊加油，很快你就会发现原本可望而不可即的东西已经唾手可得。

说 禅 理

[一朵花的禅理]

弟子爱好打扮,每天都要在这方面耗费太多的时候。

一日,禅师问弟子:"一朵花有多大?"

"有的如指头大,有的如拳头大,有的如巴掌大,顶大的,也不过脸盆大吧。"弟子说。

"哪花香有多大呢?"禅师再问。

"花香怎么是多大呢?"弟子不解。

"哦,我是指花香能传播多大的空间?"禅师说。

"有的可以溢满整个房间,有的可以溢满一个广场,如有风,有的花香可以传到几里地开外。"弟子说。

"几里地有多少个脸盆大呢?"禅师说,"如果把花香比作花的灵魂,那么,一个生命灵魂的芬芳,永远比它漂亮的形体传播得更长远,影响得更深广。"

[一条蛇的禅理]

寒冬,禅师和弟子见路边有一条冻僵的蛇,禅师要上前去救它,弟子拦阻道:"师父,你忘了农夫与蛇的故事吗?"

"当然没忘。"禅师说。

"那你为什么还要去救它呢?"弟子问。

"救它,就一定要跟农夫那样,把蛇放进怀里去救它吗?"禅师说完,便找来些柴火,在冻僵的蛇旁燃起了一堆火,在火的温暖下,蛇慢慢地活了过来。

"施善的手段,永远不是单一的,而是多样的。"禅师说,"面对恶者,我们要做的,不是因为害怕恶报,而放弃施善,而是智慧地选择施善的手段,让我们的善良免遭恶报。"

[一道光的禅理]

当禅师谈到"炫耀"这个话题,弟子问,炫耀只不过是显摆自己,并不伤害他人,炫耀又有什么不好呢?

禅师问,为什么白天我们看不见星星呢?

因为白天阳光太强,过强的阳光遮盖了微弱的星光,所以白天才看不见星星。弟子说。

禅师说,在我们的想象中,光越强,我们看得越清晰、越明了,谁知,过强的光,有时比黑暗更能蒙蔽我们的双眼。

禅师说到这里,又把话题回到了"炫耀"上。禅师说,炫耀就是那一道道强光,为显摆自己而遮盖别人的光亮,为显摆自己而蒙蔽别人、欺骗别人,这难道不是对别人的伤害吗?

[一道阴影的禅理]

禅师有两个弟子,可一段时间,两弟子不和,彼此产生隔阂,中间老隔着一层阴影。

一日,禅师当着两弟子的面,对着一道阴影,又是用火烧,又是用水泼,又是用土埋,又是找来风扇,对着阴影吹。

做完这一番后,禅师问两个弟子:阴影被火烧毁了吗、被水淹没了吗、被土掩埋了吗、被风吹走了吗?

没有。两弟子异口同声地回答道。

这时,禅师又拿出一只手电筒,向着阴影照去,顿时阴影消失全无。

"人与人之间的阴影也是如此,消除阴影的最好办法,不是施暴,不是打击，也不是报复，而是用内心的光亮与去包容它，去照亮它，这样才能真正消除彼此间的阴影。"禅师说。

[一颗心的禅理]

禅师弟子众多，但其中一弟子十分贪婪。一日，这位弟子试着问禅师："心有边界吗？"

"当然有。"禅师说。

"哪您为什么常对我们说，一个人的心可以容纳整个宇宙呢？宇宙不是无边界吗？"弟子问。

"宇宙也是有边界的。宇宙如果无限膨胀，突破了一定的界限，就会自我爆炸，自我毁灭。"禅师说，"一个人的心也是如此，当贪婪、欲望之心无限膨胀，突破了边界和底线，也会自我毁灭的啊！"

弟子听后，惊出了一身冷汗。

最淡泊最富有

那次回家,母亲神秘兮兮地要我看一件宝贝。她小心翼翼从卧室里捧出的,是一个小小的瓷瓶。瓷瓶由十几片碎裂的瓷片黏合在一起。一条条一道道的裂缝影响了粉彩花卉图案的古朴典雅。

"妈,这东西是哪来的?"我有些莫名其妙。

"我早晨散步时,在河堤上一堆废砖乱瓦中捡回来的。这一片片的,我花了好长时间才粘好。"

"你帮我看看,这是不是古董?"期翼从母亲的脸上漾开,她鬓角花白的头发都染上了神采。

我接过瓷瓶,转了一圈,看瓶底。瓶底是一小圈白瓷,上面没有任何印迹。

我断定这不是什么宝贝,却又怕母亲失望,便笑笑,不置可否。

母亲是爱宝贝的。

母亲的卧室里,有一对真的宝贝。那是两个大的瓷花瓶。圆口、细颈、凸肚,光滑的瓶面上,粉彩的仕女雍容华美,形象逼真,呼之欲出。瓶底上印着"乾隆年制"的方形戳记。这一对瓷瓶,从我记事起,就在母亲的卧室里了。

最初,在那古旧低矮漏风漏雨的老房子里,每日吃着粗粮啃着咸菜,我们几个小孩子,并不认为这对瓷瓶是什么稀罕的宝贝。有一天,村子里来了个收古董的人。母亲爱怜地抱起一个瓷瓶,像轻轻抱起自己的孩子。她将瓷瓶抱出家门,抱到收古董的人面前,极轻又极稳地放在地上。那人蹲下身子,由外而里地细细察看,触摸,又轻轻地搬起瓷瓶看瓶底的戳记。一番鉴定之后,那人出价一千元要买走两个瓷瓶。那是20世纪70年代末,我家最困难的时候。那时的一千元,可以盖起几间崭新的瓦房。母亲犹豫再三,收古董的人极有耐心地等待着。最后,母亲抱歉地打发走了收古董的人,又将那瓷瓶轻轻地抱起,像是爱怜自己的孩子。

从那以后,除了搬家,母亲再不肯将瓷瓶抱出她的卧室。从古旧低矮的老房子到雕梁画栋的高大瓦房,再到舒适气派的三层小楼,瓷瓶一直伴在母亲身边,无数次被她用粗糙的手小心翼翼地擦拭。

这对瓷瓶,是姥姥家祖传的宝贝。姥姥家拆旧房子时,这对瓷瓶就转移到了我家,安放在母亲的卧室里。姥姥家的新房子盖好,母亲提出要将瓷瓶抱回去。姥姥说,七个孩子中,六个都读了许多年书,只有母亲早早辍学,十二三岁就成了家里的劳动力。瓷瓶就别搬来搬去的了。没读过几年书,是母亲一生的伤痛。而这对珍贵的瓷瓶,独独落户在我家。姥姥的这番话或许给过母亲很多温暖和慰藉吧。

我们姐弟三个一直以为,这对瓷瓶就像旧时代大户人家陪嫁的宝贝,是姥姥婉转地许给了母亲,作为对母亲幼年辍学回家劳动的补偿。

我们以为,这对瓷瓶会一直在母亲的卧室里,陪伴母亲幸福美好的晚年时光。然而不久前,母亲用毯子把这对宝贝瓷瓶包裹好,让弟弟开车陪她送回了姥姥家。

我们不解,母亲说:"我看电视上的鉴宝节目,知道了那两对瓷瓶的价值远不是三十多年前那一千元可比。我们姐弟七个,这瓷瓶不能独属于我。虽然他们六个退了休的挣工资,做生意的赚大钱,我既没工资,也不能赚大钱,但我有勤劳的双手,有健康的身体,有孝顺的儿女,有乐观的心态,有幸福的生活,这比瓷瓶重要得多……"妈妈释然地微笑着,她眉目间和心底盛开的淡泊,是这滚滚红尘里富有而动人的花朵。

金子蒙尘时

笔试成绩很突出的姚天良到一家企业面试，一关一关下来，颇为顺畅。"吱"的一声，希望刹住车。

钳工现场，刚开始，姚天良就弄断了一根钢锯条。不一会儿，手套脱线缠住了工件。后来，他的手机猛然震动，一哆嗦，工件上留下了痕迹……勉勉强强留下一个半成品工件，他黯然神伤地离开了现场。

所有的考官最后一刻都投了否决票。

失败的姚天良，像墙上撕下的一张纸，摇摇摆摆，失去了往昔的自信。在自己得意的事情上被挫败的人，最疼。

千求万求，他托朋友找了份保安工作，勉强维持生计。

他精力充沛，当过兵，有很好的体质，闲得无聊的晚上，就再次托朋友找些零活干。

零活儿，大都是做精细的磨具。零活儿的主家，正是他曾去面试的那家企业。

参军以前，姚天良就是非常优秀的钳工。到这家企业面试，姚天良也是抱着十拿九稳的心态，觉得没一点问题，结果悄无声息就失败了。

他干零活，主要是为了不让自己寂寞，不想让技术熟练的双手生锈。

朋友介绍的活儿越来越多，难度也越来越大，当然，薪酬也越来越高。姚天良曾经被压抑的心灵，一度因为这些零活再次飞扬。他是个挑战型的性格，越是有难度，就会越深入钻研。他还亮了几手绝活，让对方越来越满意。

一天晚上，朋友带来了一位陌生人，请姚天良出去喝酒。

陌生人对姚天良很客气，朋友对陌生人很尊敬。陌生人详细询问姚天良过去的经历,当然,也问到了:"有这么好的技术,为什么不到有用武之地的企业上班?为什么还干着你不喜欢的保安?"陌生人的这句话,让姚天良情绪亢奋。

他猛地灌下一杯酒,怒冲冲地说:"那老板没眼光!要是再给我一次机会,他准会高薪聘请我的。"

朋友脸色发青地制止姚天良,可已经晚了,他的话如一枚桃核,"噗"的一声砸在桌子上。而且,意犹未尽,还有继续说下去的意思。陌生人没有阻拦,朋友却适时地制止他:"你胡说什么,这就是我们经理。"

一时间,姚天良惊呆了。他觉得,朋友好不容易为自己争取来的机会,被自己又弄丢了。

没想到经理并没有发怒,而是和蔼地问起他面试时的情况。

姚天良想了想,才说:"那天早上,我的孩子在学校被老师训了,休学在家。我心情糟糕透了。钢锯条一断,我其实已经没有了兴趣。"

经理听到这里,主动把手伸出来:"那天你根本就不在状态,对吗?"

姚天良点点头。

经理说:"其实我也有类似的经历:大学毕业的时候,我是导师最看好的,也最有希望留校。可不知咋回事,最后一次演讲时,我竟然口吃起来,丧失了机会。大家都很惋惜。可实际上,这一次检验的,并不是我们真实的水平。"

经理忽然高声说:"你也许不知道,正是最近你的一次零活,让合作方相中了我们的技术,接下了三百万的一个订单!"

姚天良进厂不到两年,如今已是生产副厂长。

再录用人时,姚天良总要多试几次,他深有感触地说:"想找到金子,有时不妨多擦拭一次。"

金子蒙尘的那一刻,恰好不闪亮。人生中的好多相逢,也如此。

心灵的翱翔，是对躯体最好的升华。

[第六辑　放飞你的心灵]

给心灵一片翱翔的天空吧！

做一个白衣飞飞的少年，

做一个笑意浅浅的老者，

做一个，

简单幸福的人。

去做没把握的事

中国台湾著名作家，斯坦福大学企业管理硕士，他在很多领域都有自己的建树。

问及为何总是如此精力充沛且保持斗志的原因，他的回答是："我做的事，没一件是有把握的。"

从小学到中学，我从未当过学生干部，也觉得自己不是那块料。可是进入大学后，我被选为学生议会的议员。这是我承担的最没把握的工作，我觉得自己肯定会干得一团糟。可是，做起来，却没有想象中的那么生疏和困难。当我因为表现突出被提升为学生议长后，我有一种醍醐灌顶的感悟——没把握的事情其实也能干好，那么，为什么非得等到时机完全成熟了再去干呢？很多事情，机会成熟的时候，也就是竞争激烈的时候，为什么不在旁人还在观望时自己就先出发呢？

我很想写一本小说，然后把小说改编成剧本，再组织自己的剧团上舞台演出。写小说的时候，我开始学习剧本构造；改剧本的时候，我开始招募剧团成员；排练剧本的时候，我开始联系表演场地……写了半年、改了两个月、排练了一个月，一年之后，我组建的学生剧团在学校的大礼堂公演，大家都说这是个奇迹。

我也从未接触过西洋舞蹈，但我很想在舞台上扭动灵活的腰肢，漂亮地踢踏。刚开始学习时，我全身上下都是僵硬的，一个星期后，就有了新的感觉，再过四周，我已经可以自如地控制每一块肌肉每一个步伐，我就这样上了百老汇的舞台。

我说话有点口吃，家人想了无数办法都没能让我改正过来，可是我自己在一个月内就纠正了这个不好的习惯。为什么？很简单，我加入了辩论团，而且要去参加国际性的大专辩论赛。我想要当一辩，我嘴里含着小石头对着大操场疯狂地磨炼语速，只要有空就下意识地说绕口令。就这样，口吃这个毛病自己跑了。

大学毕业，我申请美国斯坦福大学的MBA时，除了标准的申请表外，我还编了一本名叫《Close—Up》的杂志，用图、文把我大学的经历全部呈现出来，厚厚的一大本，翻开来，星光灿烂，全是我的得意之作。斯坦福大学的MBA有没有要求我做这个？没有。但我做了，我必须让他们知道，我是最善于把握这种没把握的机会的人。那一年，我成为斯坦福大学唯一来自中国台湾的MBA学生。教授告诉我，台湾的考生数以万计，但最后偏偏录取了考试成绩在千名之外的我，打动他们的是那本《Close—Up》杂志，他们觉得我是一个具有成功潜质的人。

进入斯坦福大学的MBA后，我觉得除了学业，还有更多没把握的事情值得我去干。所以，我穿上黄马甲，成为华尔街的见习操盘手，成千上万的资金从我手里流进流出。我还进了微软、戴尔和通用汽车等国际知名公司，虽然进入的不是什么管理部门，但是我学习到了企业文化，掌握到了商业运作的整体流程。

MBA毕业后，我觉得自己可以去当一个作家，于是我回到台湾开始写小说，很快就出版了十来本，我就这样成了著名作家。

后来，我想要过一种云游僧人的闲散生活。于是先到北京，随后走遍祖国大江南北，在上海滩的高级酒店吃过肥美的鹅肝，也在西藏同胞的帐篷里啃过干馕。不管日子是苦是甜，我都很快乐。

有一个故事：有两个和尚，一穷一富，都想去南海朝圣。富和尚很早就开始存钱，穷和尚却仅带着一个钵盂就上路了。过了一年，穷和尚从南海朝圣回来，富和尚的准备工作还没完成。富和尚问："尔困，何以往南海？"穷和尚答："吾不往，则终日癫狂，行一步，则安一分。尔稳重，故尔在！"翻译成白话文很精彩："我不去南海，就心里难受。我每走一步，觉得距离南海就近一分，心里就安宁一点。你这个人个性稳重，不做没有把握的事情,所以,我回来了,你却还没有出发。"

所谓十拿九稳的事情,往往是获得回报最少的事情。要做,就去做那些没把握的事儿——你觉得没把握,别人同样觉得没把握。但是你做了,就有成功的可能;不做,就永远只能看着别人成功。风险与收益向来都是成正比的,投资是这样,生活也是如此。

为生命化妆

在这个世界上，总有一些东西，你不喜欢，不属于你，也不能去追求。即便它们突然来袭，也不能接受或想着怎样去占为己有。

1975年某一天，著名作家孙犁被安排出国访问。当时，这样的待遇，让大部分发作家趋之若鹜，而他不去。在他当天的日记里写道："冬日透窗，光明在案。裁纸装书，甚适。"如果他热衷或习惯混迹于嘈杂的闹市、挣扎在喧哗的名利场，也许，他就不会成为被后人称道的大作家了，至于是谁、怎么样，真的不可知。对一些事情表现出的平淡的态度是我们生命不可或缺的内容。主动拿出这样的态度，是明智的选择。有时候，即使你不想这样，也必须这样。

当年，印度苦行僧过着苦修的生活，标准是"日中一餐，树下一宿"，而且，"浮屠不三宿桑下者，不欲久生恩爱也"，意思是说，僧人不得在一棵树下连续睡三个夜晚，否则会对这棵树产生依赖、贪恋之情，从而妨碍修行。如果没有如此严格的戒律，人很容易失去平常心——该有的平淡，甚至冷淡，缺席不得，否则，就难以修成正果。

主动也好，被动也罢，目的只有一个：该平淡面对的，就必须平淡面对。

明代王阳明，属于书香门第之前，但是他多次考试，都榜上无名，在别人看来这是一种耻辱，而他却说："世以不第为耻，我以不第动心为耻。"在他看来，上榜和下榜，就像痛苦和快乐一样，都是生活的内容，因此不必太在意。

红顶商人胡雪岩破产时，家人为财去楼空而叹惜，他却说道："我胡雪岩本来无财可破，当初我不过是一个月俸四两银子的伙计，眼下光景没有什么不好。以前种种，譬如昨日死；以后种种，譬如今日生吧。"很显然，平淡待之，是唯一选择，寻死觅活、破罐子破摔，不但于事无补，而且会把自己逼向不归路或歧途。

是啊，人生路上，时而坎坷，时而平坦，时而花香鸟语，时而风狂雨暴。如果你只习惯于好的一面，那么，当坏的一面降临时，你就会手足无措、乱了阵脚。

范仲淹告诉世人："不以物喜，不以己悲。"这该是我们要拥有的心态——可见，该平淡的，就是我们的心。

而世界就是一个矛盾体。昼夜、美丑、阴阳、悲喜、成败、得失……既然有该平淡的，就要有该"浓烈"的。

有个年轻人，供职于一家报社，他因为撰写了一篇揭露海军走私的新闻引火烧身，亡命巴黎。他穷困落魄，举目无亲，在巴黎拉丁区的贫民窟里游荡。他没有工作，一人不识，一文不名，更糟糕的是他不懂法语。他白天到街道上和巷子里拣一些空酒瓶或旧报纸，以换取少量的食物充饥。夜晚就住宿在一家名字为弗兰德的旅馆里。他没有钱支付旅馆的押金，旅馆的老板就勉强给他找了一个楼梯下面刚刚放下一张床的储藏室，让他暂时居住。但是，他们怎么也不会想到，这个落魄至极，穷困得连吃饭睡觉都解决不了的流浪汉，在他们免费提供的楼新颖间里，正思索着伟大的巨著。1967年，他在巴黎的流浪岁月里，完成了他的巨著《百年孤独》。

你或许知道，他就是哥伦比亚作家巴尔克斯。他因此一夜成名。

不难看出，他有着深爱的始终不渝的目标，和为了实现它所具有的顽强的意志、坚定的信念和高尚的操守。而这两者都装在我们的心里，因此是我们要"浓烈"，还是我们的心。

苏轼诗云："欲把西湖比西子，淡妆浓抹总相宜。"而我们的心，有时需要淡妆，有时需要浓抹，这不但不矛盾，而且要和谐地统一。只有这样，生命才会绽放出属于它的美。

然而，到底怎样去"化妆"，那是你的权利和责任。

放飞你的心灵

碧波起伏的海边，一个白衣少年，蹲坐在岩石上。海风浩荡，他的乌发飞扬。脚下，是千年万年的沙土；头顶，是瓦蓝瓦蓝的天空。少年目视着远方天空，几只白鸥在翱翔。

少年静静无语。他的眼里，天空湛蓝，大海无垠。

我知道，此刻，他的心灵一定在飞翔，与白鸥一起，翱翔在蓝天碧海之间。

一个人的躯体总会受制于时间、空间。真正自由的，只有心灵。一个人的心灵可以以最质朴、最自由、最唯美的方式与天地、山水、草木悠然起舞。

心灵的翱翔，是对躯体最好的升华。

1957年，东南大学的一位老教授被打成右派，下放到浙江淳安县郊，白天做着繁重的农活，晚上关在低矮的茅屋中。他只能透过一扇30厘米高的小窗户，朦朦胧胧地可以看到远处的千岛湖。就在这样艰苦的环境里，老教授却写出了这么一句美丽的诗："身似圆月展幽洁，心在苍茫群岛飞。"

"心在苍茫群岛飞"，多好的诗句啊。透过漫漫数十年的寂寂光阴，如今读到这句诗，我们仍然可以感受到老教授那一颗悠然翱翔的心。我们可以想象，在幽洁的月光下，老教授面容平和，长身如玉。一颗宁静的心，已越过小窗，飞翔于月色星光之下。唯美的千岛湖，水岛逶迤，此刻正匍匐在老教授的脚下。只一刹那，老教授通过一颗悠悠翱翔的心灵，便已阅尽山河。

可以禁锢的，只能是躯体。对于智者而言，心灵无时无刻不在飞翔。

可以抵御苦难的，必是一颗超脱飞翔的心灵，而与躯体无关。就算躯体已伤痕累累，但那一颗心依然可以晶莹如玉，闪着宁静迷人的光华。

然而，现代的都市人，躯体越来越忙碌，心灵越来越迷茫。除了对物质的追求与权位的崇拜，那颗越来越沉重的心灵，已挤不进半点人间春色。在拥挤的公交车上，在缓缓蠕动的车流里，我看到只有躯体，一具具疲惫而茫然的躯体。

问问自己吧。人间四月，草木丰美，你旅游了吗？秋叶变黄，草木摇落，你为一片枫叶叹息了吗？你为远在乡下的老父亲洗过脚吗？你花过两个小时为妻儿煲过汤、熬过粥吗？如果没有，那你的心灵已经迷失，你已经错过了太多的美好。

其实，对于人生而言，眼中的目标，远不如身边的风景来得重要。

看吧。那迎着夕阳散步，浅浅微笑的老人是美的。那扯着风筝，撒欢奔跑的孩子是美的。在漠漠星光下，吟诗的汉子是美的。在公园的小池边，专注写生的少年是美的……

因为，只有他们的心灵在天宇间翱翔，在草木间嗅着芬芳。

他们的躯体，也是美的，宁静而透着恒久的芬芳。朴素，却静静地闪烁着人生的真意。

给心灵一片翱翔的天空吧！做一个白衣飞飞的少年，做一个笑意浅浅的老者，做一个，简单幸福的人。

孩子们的境界

一群上幼儿园和小学一、二年级的孩子在宿舍楼前面的挡土墙上涂鸦，孩子们画了很多童趣盎然的花草树木山川河流日月星辰，还题了字。其中一行颇有些歪扭的字，让人眼前一亮，字曰：大草大花大佛。

孩子们写这6个字的时候，是怎么想的，我无法得知。也许，他们只是随意而写率性而为，其中并没有蕴含成人们刻意要去寻找的某种玄机。但我始终相信，从孩子们纯净的心灵里流出来的文字，总会天然地包藏着某种"天道"，总能将人导向人生的真谛。

"大草大花大佛"，这样的搭配，或许只有孩子才做得到。"佛"是神圣庄严的，称之为"大"，顺理成章，毫不奇怪。花呢，万紫千红，争奇斗艳，美不胜收，前面加个"大"字来修饰，也说得过去。唯独那"草"，说是"大草"，在成人世界里，是怎么也说不过去的。提到"草"，人们挂在嘴边的说法是"小草"，不仅因为它们个子矮小，而且也因为它们太平凡，太普通，太不起眼。"没有花香，没有树高"，随处可见而又无人关注的小草，怎么能称之为"大"呢？怎么配称之为"大"呢？

但孩子们不管这些。他们遇见了一片叶子，为了表达他们对这片叶子的欣赏，他们可以感慨"好大的叶子啊"；他们遇见了一只蚂蚁，为了表达他们对这只蚂蚁的赞美，他们可以感慨"好大的蚂蚁啊"；他们遇见了一条毛毛虫，为了表达他们对这只毛毛虫的喜爱，他们可以感慨"好大的毛毛虫啊"；同样，他们遇见了一棵草，为了表达他们对这棵草的欣赏，他们当然可以感慨"好大的草啊"。大小高低贵贱或许只是成人世界的事情，在无差别的童心里，低者是可以高的，贱者是可以贵的，小者是可以大的。

佛曰"一沙一世界，一叶一菩提"。孩子们不懂这么复杂的道理，甚至也无法理解这么高深的禅机，但孩子们有孩子们的"天机"。在他们看来，"草"不但可以大，而且也是可以"等于"花，"等于"佛的。"草"固然没有花朵千姿百态的造型美，也没有花朵绚丽夺目的色彩美，更没有花朵那沁人心脾的香，但是，草有着草自身的存在价值，它的价值就在于充满自信地举起自己生命的旗，它的价值就在于自强不息地吐出一星半点的绿。一棵自信自强从不妄自菲薄的"草"，就是妍丽的"花朵"，就是修行境界里的"佛"。

许许多多的成人，正因为自己是"草"而自惭形秽着，正因为自己是"草"而艳羡甚至嫉恨着"花朵"，以至于忘记了自己也是可以经营一方绿色的，以至于忘记了自己也是可以吐露一缕芬芳的。在无法成"花"成"佛"的阴影下生活，境界越来越小，终于成了真正的"小草"。看看墙壁上孩子们的涂鸦吧，"大草大花大佛"，原是人生最本真的指引啊。

今天天气真好

刚工作没多久，得知后勤部主管张俐是公司人缘最好的人。打量过她，其貌不扬，但每天中午在员工餐厅吃饭时，总有人端着餐盘往她身边凑。无论男男女女，都乐意跟她一起共进午餐。后来问同科室的一个同事为什么大家都喜欢张俐，她想了想说，可能是因为张俐是个废话匣子吧！这是什么理由？

慢慢跟张俐熟了之后，我发现她真的喜欢说废话。有天早上我早到了，就在中庭的绿化带散步，她远远地冲我招手："一大早就在这儿吐纳，你很会养生呀！"我客气地跟她说我了解一点中医，她马上从中医说到韩医，顺带着对韩国人宣称中医是他们发明的论调口诛笔伐……15分钟的时间就在她噼里啪啦的废话中一眨眼过去。

我说得少听得多，但是我心里的确是放松了很多。听她讲那些废话，似乎颇有点宁神静气的效果。于是，我也慢慢跟她成了朋友，我越来越愿意整天听她絮絮叨叨地说个不停。

一次我们一起吃饭，我得知这个看起来胸无城府废话连篇的张俐竟然是爱尔兰国立利莫瑞克大学的海归。但她却嬉皮笑脸地说，在爱尔兰留学那几年，最大的收获不是学历学位，而是学会了做个废话小姐。她说爱尔兰被称为世界上最爱说废话的国家，爱尔兰人的口号是——无废话，不精彩。

在爱尔兰，如果等巴士的时候不跟身边的人聊上一阵，那就是失礼和粗鲁的事；如果在戏院排队买票，就必须得跟身边一起排队的人扯上几句，这样才是正常的行为……

回国求职时，张俐的面试顺利得一塌糊涂，别人都是正襟危坐地介绍

· 167 ·

自己的学历能力施政纲领远期规划，她倒好，屁股还没挨着椅子就冒出一句话——我觉得贵公司洗手间里的洗手液掺水太多了，当然公用洗手液掺水是符合节省开支理念的做法，但根据我的了解3∶7的比例是最合适的，再高就会造成一次挤压出来的洗手液达不到清洁效果，必须二次追加，反而造成浪费……张俐本来应聘的位置是行政助理，就因为面试开始时的这一通废话，老总慧眼识珠，钦点她留下来直接就任后勤部执行主管。

张俐说，有句堪称经典的废话——今天天气真好！包括国家元首在内的问候，都会说这句典型没话找话的废话。每个人活在这个世界里，都知道今天天气好不好，可是，为什么非要说这句话呢？其实，说这句话的目的，就是要引申出其他更多的内容。

所以后面就有了对答："嗯，今天天气真的很好！""想不想去哪里玩？""想过！本来准备去郊游。""可为什么没去呢？""没钱啦！""这个月没发工资啊？""发了，用完了！""那么快就用完啦？你都用到哪去了啊？""买衣服，买护肤品……"

看，一句废话引出多少废话出来。虽然废话的意思并不明确，可废话在人际交往中却不可或缺。它既可以沟通思想，拉近彼此的距离，又可以促进感情交流，摸清对方的喜好、性格特征和对自己观点的支持与认同感。人们在交流过程中，其实往往是靠废话来联系的。

废话，真实地讲，就是没有目的的语言，因为没有目的，更能让人亲近，让人信任。我也终于明白张俐如此受欢迎的原因了，正因为她废话连篇，说出的话没有目的性，让别人在她面前交流没有利益得失的嫌疑，感觉很放松，很信任，进而产生一种亲近感，愉悦感，跟她做好友就成了自然的愿望。做个受欢迎的女人，其实就这么简单。

诚实的前程

大学毕业前夕，去人才市场找工作。一家服装公司的市场推广部要招4名市场调研员。基本要求是：文笔好，口才好，能吃苦耐劳，还要有两年以上工作经验。文笔没有问题，大学4年，我做了3年校报主编，文章也发表了100余篇；口才也一向不错，吃苦耐劳，这是农家孩子的本色，唯独缺少的就是工作经验。但我很喜欢这个工作，不想就这么放弃了。于是就填好一张表格交了上去。

接下来的笔试、面试都顺利过关。最后一关是实践测试，公司发给经层层筛选而剩下的10个人每人10份调查表，给一个星期的时间去搞调查。领到厚厚的一摞调查表，我们心里都很清楚，在一周之内，谁完成的调查表又多又好，谁就是最后的幸运儿。

但等真的调查起来才发现，这实在不是一件容易的事。调查表的内容设计得非常详细，细到让人不耐烦的地步，一些数据还涉及几年前的销售情况，结果被调查的企业销售负责人一翻那份厚达七八页的调查表，就直皱眉头，大都以"实在太忙""最近没空"予以婉拒。

这样，辛辛苦苦地跑了3天，也只做好了两份调查表。剩下几天，我跑得更加卖力了。有一家服装商厦，我连跑了3趟，留在那里的调查表还是空白一片。那位女经理听说我这调查同时也是求职考试，就好心地对我说："小伙子，我现在实在是没时间。我给你把调查表盖好章，数据你回去自己填，反正也没人知道，怎么样？"我一想，这倒是个好办法：大部分的单位，求其盖个章还是很容易的。至于数据，照着那份填好的调查表，改动一下就是了。可是这样一来，公司搞这次调查也就毫无意义，调查表也就失去了任何参考价值。考虑再三，我最终还是谢绝了那位女经理的好意。

期限到了，我垂头丧气地拿着3份调查表去交差。看来，这份工作是没希望了，想着自己前面的努力都将前功尽弃，真有点后悔当初没听那位女经理的话。

出人意料的是，一周后，那家公司打电话来通知我，我被正式录用了。

报到那一天，那位中年人事经理接待了我，他拍着我的肩膀说："所有人之中，只有你一个人没有工作经验。但我还是给了你一次机会，你们交回调查表后，公司马上派人去核实。因为，你们的调查会直接影响公司的投资方向和营销策略，容不得半点虚假。"最后，他意味深长地对我说："你要记住，无论干什么，一个不诚实的人，是没有前途的。"

虽然我在那家公司只待了两年，因为考研又回到了学校，但那位经理的话却让我受益终生：不诚实，是没有前途的。

别忙着献丑

刚开车那会儿，最怕有人坐身边，只要有人在场，总会出点状况，比如，别人随意说"你怎么老轧井盖"，于是见了井盖就躲，不巧方向盘往右一打，就蹭了人家的车；再比如，别人说，感觉你怪忙的，刹车的时候不用老踩离合器，于是接下来好几次情况紧急，都把车踩熄火了；还有，走了不知多少遍的路，有一次同事搭车，居然还是走错了……其实自己一个人开车的时候，感觉也没那么差。

刚学写字那会儿，最怕有人看着你。独自一个人写，完成之后自我感觉挺好的。一旦有人站在身边，完了，肯定觉得横也不平，竖也不直，这也想抹，那也想擦，结果，自然没了往日的水平。

与单独一个人做事相比，有他人在场，会促进或降低一个人的能力或水平。这就是"社会促进效应"。

想想你自己，吃饭的时候，突然来了客人，一副要久留的样子，这顿饭你是不是吃得浑身不自在？整理东西的时候，如果有同伴等你，你是不是会草草了事不好意思再磨磨唧唧？你手里拿着一片纸，有人同行，你是不是不好意思乱放，只好拎着到处找垃圾桶？

是的，我们总是难免被他人干扰。有些时候，他人在场会让你发挥得更好，有些时候，你恨不得清场，他人在你旁边反而会让你乱了阵脚。

不过，你也有需要同伴的时候，他们的存在会激发你的表现力。

比如复习考研，如果宿舍里的人都在复习，你的效率似乎也会提高起来；跑步时，加入一个伙伴，会让你觉得过程不再枯燥；还有表演，当你想要有人欣赏，当然是观众越多，越能激起你的兴致……

心理学家罗伯特·查荣克用"动机驱动论"给出了解释。根据这种观点，有别人在场，可造成个体的内驱力或动机的增加，这种内驱力的增加有时会促进行为，有时又会干扰行为。当事情比较简单，或者是你所擅长的，关注可能会让你表现得更好；但如果一项工作对你来说是新接触的，不擅长的，需要动很多脑筋，你更容易表现得手忙脚乱，反而容易做不好。

朋友L什么事都需要对手。一个人的时候，没有参照系，往往没什么劲头，如果在周围找到一个各方面都很优秀的"假想敌"，劲头就来了，她会盯住这个"假想敌"，然后发狠，通常都能越过去，然后，在下一个坐标系中寻找另一个"假想敌"，如此反复。

还有不少朋友严重需要观众，人越多，表现欲越强，简直是"人来疯"。当然，也有人在相对私人的场合，更能显示自己的个人魅力，公共场合反而让他成了最沉默的那一个。

这个世界就像一张网，每一个人都不能脱离别人而单独存在。在这个充满"别人"的世界中，你我的行为常常在被他人促进，我们也常常在促进他人的行为。有的时候你并不自知，可是，"他人在场"就像竖在路边的一个招牌，你看不到的时候也就罢了，一旦看到，多少会影响到你。

所以，千万别当那个不识趣的旁观者。那种感觉，你肯定也知道，如同一个不速之客，总让人觉得他纠缠了你一辈子似的。

你也有需要观众的时候，这时，不妨大胆在人前展示一番，这样可以进一步提高活动的效率和水平，同时培养起自己的信心。

只是，当你对自己没有十足的把握，千万别忙着"献丑"，丑现多了，只会让你更害怕观众。

与人方便

在长洲，有个富人叫尤翁，他开了一家非常大的当铺，生活非常富有。这一年将近年关，各家各户忙着准备过年，尤翁家的当铺也高高悬起红灯笼。

这一天，尤翁正在屋内休息，突然听到当铺外面传来争吵的声音，原来是一位邻居正在和伙计吵闹。

尤翁问伙计："这是怎么了？"伙计说："这人先是将衣服当钱，现在，空手来取衣服，小人与他讲道理，他反而骂人，天下哪有这样的道理呢？"

看到邻居气势汹汹的样子，尤翁就把他拉到一旁，轻声细语地说："老兄，我明白你的意思，不就是为了过年吗？这点小事，何必搞得这么紧张呢？"

说完，他就让伙计去屋里，找出那人当过的四五件衣服，指着其中一件棉衣，说："这是冬天御寒不可缺少的衣服，你拿回去穿吧。"接着，他又指着一件袍子，说："这是过年的时候，走亲访友穿的，你也拿回去吧。至于其他几件不是急用的，可不可以先放在我这里呢？"

那邻居也不推辞，更不言谢，拿了两件衣服，默默地走了。

就在那天夜里，邻居竟然死在另一户人家里，邻居的亲属跟这户人家打了一年多的官司，才得以了结。

后来，人们才知道，这人因为欠了很多债，无力偿还，事先服了毒，如果人家不给钱，他就赖在那里，直到毒发身亡，让对方吃官司。

他首先想到的就是尤翁，结果，由于尤翁的忍让，目的没有达到，他只好转到别人家。

有人问尤翁:"您是怎么预先知道的呢?"尤翁回答说:"我怎么会事先知道呢?就我的经验来看,凡是无理取闹的人,一定有所倚仗,如果我们不容忍一下,就要遭到祸害。"

大家听后,都很佩服尤翁的见识。

生活中,适当地容忍别人,是给自己留下更宽阔的余地。如果事事斤斤计较,小事也能变成大事。与人方便与己方便,与人为善与己为善,这是避免得罪小人,从而保全自己的最好方法。

王安石的虱子

这是宋人笔记中记载的一个故事：

王安石不修边幅，所以，身上卫生就不太好，衣缝中就寄养了些小动物，跳蚤啊虱子啊什么的。好在，这是古代文人的风雅之事，也无人大惊小怪。否则，就不会有个成语叫"扪虱而谈"了。

可是，有一次，却发生了一桩让王安石很下不来台的事。

王安石是宰相，经常在朝堂上和皇帝讨论大事。那天，王老先生口若悬河，大谈改革之事。开始，神宗还认真地听，不久，注意力就分散了，眼睛直直地盯着王安石的胡须，并不由自主"哧"的一声笑了。

大臣们呢，本来也听得很入神，看见皇帝乐了，都不知是啥原因，也顺着皇帝的目光望过去，眼光停留在王安石的胡须上，接着，一个个捂着嘴，偷偷乐起来；有的实在忍不住了，还咯咯地笑；有的甚至前俯后仰，笑出了眼泪。

朝堂之上，怎可如此？

王丞相不高兴了，心说，我哪儿讲错了吗，也不能这样啊？噢，你们看见皇帝笑，就拍马屁，跟着助乐啊。所以，咳嗽了一声，然后徐徐道："大家严肃点，这里是朝堂。"谁知不说还罢，一说，大家笑得更厉害了，连神宗这次也忍不住了，呵呵呵笑得如弥勒佛一般。

王安石这一刻傻了，他纵才高八斗学富五车，也猜不出大家笑的原因啊。

这时，旁边一个叫王禹玉的大臣告诉他，丞相，一只虱子顺着你的衣领爬出来，在你胡须上来回散步呢。

王安石一听，臊得满脸通红，忙叫人来抓虱子。虱子抓住了，在大家的哄笑声中，王安石更是不知所措：掐，固然不雅；放，实在不好意思。

站在那儿，王安石尴尬得不得了。

还是王禹玉，忙站出来，给他解了个围，说我有一首诗，是关于这只虱子的，供大家一乐，说罢，朗然吟道："屡爬相须，曾经御览。不可杀之，或曰放焉。"意思是说，这只小东西，把宰相胡须当操场，还经过了皇帝的观赏，算了，就不杀它了，还是放生吧。说完，扯一下王安石衣袖，王安石醒悟过来，夸道："王大人好诗，老夫恭敬不如从命。"说完，趁机扔了手中这个棘手的小玩意儿。

大家一听，嗬，王禹玉这家伙，算得才思敏捷，一会儿工夫，即景生情，就是一首诗，高！于是，大家一个个都跷起了大拇指。朝堂上立时安静下来，又恢复了肃穆。

王禹玉一首诗，替王安石解了围。

这事，王安石记住了，宋神宗也记住了。一次，神宗需要一个中书舍人，即做皇帝专职秘书长的，他在脑子中把大臣齐齐筛选了一遍，想到了王禹玉，说这人才思敏捷，就选他吧。

皇帝的任命文件，在唐宋两代，是要经过宰相签名的，再加上宋神宗非常信任王安石，所以王安石的意见就起着决定性的作用。

王安石拿到文件，想都没想，就潇洒地签上了自己的名字。至于原因，他事后说，这人不但有才，而且有德，用起来让人放心。

王禹玉于是就当了中书舍人，而且当得非常称职。

当时，有很多人眼馋这个差事呢，然而，独独只有王禹玉得到了。他干上这个差事，固然在于自己的才能，更多的在于自己的品德：当时，在朝堂上，在大家普遍嘲笑王安石的情况下，只有他顺势铺设了一条台阶；他怎么也没想到，自己间接地，也给自己后来的前途铺设了一条台阶。

临大事需有静气

"每临大事有静气。"这是晚清两代帝师翁同龢教导弟子时所言,他认为:自古以来贤圣之人,越是遇到惊天动地的大事、险事,越能心静如水,处变不惊。古往今来,凡成大事者必有静气。

何谓静气?"泰山崩于前而色不变,麋鹿兴于左而目不瞬"。通俗地讲,静气就是"能沉得住气"。历史上著名的淝水之战,东晋不足十万的兵力要抵御前秦百万虎狼之师,形势不可谓不凶险。但是,主帅谢安此时却在后方指挥所里不慌不忙下着围棋。等到前线军报传来,他只随意地看了一眼,然后又继续下棋。旁边的人实在忍不住了,上前询问前方战况。此时,谢安才轻描淡写地说道:"小儿辈已破敌。"毛泽东在长征途中面对万千敌军的围追堵截,泰然处之,用"静气"一次次带领红军化解危机,创造出夺占娄山关、四渡赤水等一系列辉煌战例,在危急关头力挽狂澜,在"谈笑间"让蒋家王朝"樯橹灰飞烟灭"。

一个人的静气从哪里来?它不是与生俱来的,也不是从天上掉下来的,而是需要不断地去历练和积累。航天英雄杨利伟,在航天飞行的整个过程中心率始终在每分钟70次左右,绝对称得上心如止水。在飞船里戴着航空手套用手持操作棒按电脑键盘,难度之大不言而喻。尤其是在万众瞩目、全球媒体关注的情况下,要保证200多次各种各样的操作实现零失误,对于常人来说简直是不可能完成的任务。但杨利伟做到了,并且完成得如平时练习一样镇定从容。载誉归来时,面对记者他吐露真情:经过十几年如一日不厌其烦地刻苦训练,不断积累经验,普通人也能完成这样的操作。的确,培养静气不是一朝一夕的事,这个过程就如"铁杵磨针"一样充满了艰辛和耐心的历练。

有些人之所以一遇大事就惊慌失措，很大程度是因为心里没底，也就是没有驾驭大事的能力和本领。俗话说，手中有粮，心中不慌。书籍就是精神食粮，通过读书，我们可以汲取前人的智慧，增长才干，克服恐慌。所以，越是博学的人，视野越开阔，头脑越冷静。还要善养正气。诸葛亮在《诫子书》中写道："夫君子之行，静以修身，俭以养德，非淡泊无以明志，非宁静无以致远。"静气要靠正气来支撑。只有正气在身，才能淡泊名利，无欲则刚，才能不为进退滋扰，做到宠辱不惊。

生存是生活的基础

一次坐飞机，遇见一个小伙儿，一路上我们用普通话聊天。飞机到北京，他问我："你是北京人吗？"

我答："我是南京人。"

他顿时惊叹起来："我也是南京人啊。"

原来聊了一路，却是老乡。老乡相见分外亲，各自留了电话和MSN。网上经常问候，有一次他说，他在北京两年了，我是他唯一认识的南京人。

"不可能吧？"我说："北京有的是南京人啊。"

"可是没有人互相来往，"他沮丧："北京没有意思。"

"那你为什么来北京？"

"生活所迫，"他答："公司派我来的，我现在就希望把我派回上海，离家可以近一些。"

"是吗？"我想了想："我有个建议，以我们为原点，希望半年之后至少认识20个南京人。"

"从网络上吗？"他摇摇头："网上什么人都有，不可靠。"

"不，"我说："我们从现有关系网中来。"

我说："你看，我们在南京都有很多亲朋好友，他们肯定分别在北京有信得过的朋友，请他们把信得过的朋友介绍给我们，我们不就有朋友了。而且还有共同话题，又能互相信任。"

"这主意妙！"他拍手称快。一周后，我们七个南京人坐在了一起。三个月后，我们二十多个南京人在后海划船。四个月的时候，他没有被派往上海，而是派去了美国。临行之前，众人AA制为他饯行。他在饭前发表致辞，大意是说，没有想到在北京最后的时候，会有三十多个老乡为他送行。他觉得北京很温暖，南京人很哥们儿。

曾经看过一个纪录片：一个在德国留学的年轻人因为迷恋赌博，导致破产、失业、离婚，欠下了五十万欧元的债务，人已经在崩溃的边缘。这个时候，他的大哥，50岁，决定去德国打工，一边为弟弟还债，一边看着弟弟戒赌。这似乎是个不可能完成的任务。他的妻子身体不好，女儿正上高中。为了这个决定，气恼的妻子和他离婚了。他只身一人去了德国。

到了德国，他做的第一件事就是找地下赌场谈判。他说，我是个一无所有的人，来这里就是为了救弟弟，如果你们再放他进去赌，我第一不会还债，第二就报警。如果你们想砍死我，请便。三个地下赌场，从此不放他弟弟进门。

他做的第二件事情，是带着弟弟在一家华人蛋糕店学手艺，弟弟身上的钱额总数，不允许超过一欧元。这样过了一年，他想办法借了点钱，在唐人街开了家糕点店。由于口味好，信誉好，又有救弟弟的动人传说，店里生意兴隆。

他做的第三件事情，就是在唐人街成立了互帮会。慢慢地，很多初到德国的华人，有什么问题都去找他帮忙。他成了当地一个欠着一身债的传奇人物。

他做的第四件事情，就是不断给女儿与妻子写信，希望她们能理解与原谅他。说他如果不这样做，弟弟会死在异国他乡。

十年过去了。记者采访他的时候，他刚过60岁生日。弟弟欠的债，只剩五万欧元了。弟弟再也没赌过，开始利用网络尝试外贸生意。他的妻子女儿也原谅了他，妻子决定和他复婚。

如果说生存，他真的是曾被逼到了死角。可是他没有远离生活，而且创造了奇迹，洋溢着人性的光辉。

我们常会为生计所迫，做些不得已的事。但是有些人，永远能在生存中品出好滋味，这就是生活。生存是我们生活的基础，是我们不得不做的事情。但生活到底是何种滋味，却是由我们自己选择的。生存来自条件，生活来自内心。如是而已。

简单的生活

人生短短几十年,赤条条来,又赤条条去,何必物欲太强,贪占身外之物?

"身外物,不奢恋"是佛家所说的思悟后的清醒,它不但是超越世俗的大智大勇,也是放眼未来的豁达襟怀。谁能做到这一点,谁就会遇事想得开,放得下,活得轻松,过得自在。

贪婪是欲望无止境的一种表现,它让人永不知足。其病态发展的最终结果往往是,想得到更多的东西,最后却把现在所拥有的也失掉了。

其实,生活需要的是一份简简单单。

简单,只两个字眼,简单得无须解释,又深刻得难以解说。

一个馒头,一碗粥,一碟小菜,心满意足地吃下去,这是简单;三口人,两份工资,锅碗瓢盆地过日子,这是简单;你开豪车上班,我以步代行,既环保又健身,这是简单;你穿裘皮貂绒,我穿羽绒服,既保暖又舒适,这是简单;破破烂烂,可卖则卖,该扔就扔,毫不可惜,这也是简单……

孩子们永远天真永远快乐,是因为人生在他们眼里像一张白纸那样简单。少女们总是无限感伤,无限烦恼,是因为人们总是告诫她们生活不简单。而人到中年的我们,常常是眉头紧锁、郁郁寡欢,是因为我们找不到简单。老年人安详冷静,是由于经历了一番艰难的人生跋涉,穿越了人类自己制造的纷杂、喧嚣、迷茫,最终,在人生的那一端,他们终于发现,人生其实很简单。

是的,人生的道理原本简单——人类由男人和女人组成,生和死是生命的全部过程。世界并不复杂,只要心简单就可以了。拥有简单心境的人，会轻轻松松地享受人生。从根本意义上明白了人活着其实都是要吃喝拉撒睡，你就自然想到飞扬只是人生的一瞬，就像绽放的美丽烟火，璀璨过后，一切都归于沉寂，只有平凡细琐才是生命的永恒。所以，一切的浮名和荣华富贵不过是身外之物，我们又何必去苦苦地奢求呢？

人是自然之子，我们的血肉之躯只需从自然之中获取适量的五谷杂粮。只需几套保暖的衣物，只需要不多但真挚的亲情、友情和爱情，简简单单的日子便能咀嚼出生活的原汁原味。放眼望去，满街的绅士淑女中，自己虽不抢眼也不寒酸，虽不才貌出众也不粗鄙浅薄，这样到落个逍遥自在，少了浮躁，少了矫饰，少了烦琐，简单的日子竟让自己神清气爽、气定神闲起来。听听音乐，码码字，空闲的时间出去游历一番，一切得失随缘，心无挂碍。

简单不是简陋，平凡也不是平庸。它是广袤海洋的静谧和深邃，是高原深秋的宽广无垠，简单不是不要富足小康、明快多彩的生活，不是拒绝浪漫情怀，潇洒风度。它只是喧嚣中保持一份空灵，不去凑那个热闹；只是流行中认定平淡如金，不去追什么潮流，赶什么时髦。简单如高山上流云，让凝涩的人生顺畅，把板结的心情融化，使喧嚣的世界灵动。让心灵有一种净化感，灵魂有一种安详感，身心有一种健康感。

简单的生活，造就一份真正的不简单。

一天和一万天

老朋友正峰告诉我,他终于可以退休了。

啊?我忍不住想要照照镜子,和我年龄差不多的他要退休了?这么快?曾经是青年才俊的正峰已届退休……

"25年了,我终于忍到可以领退休金了!"他一向疲惫的脸上露出放松的微笑,"我真恨这个工作,终于可以离开!"

不好意思,在此不能透露他做的是什么铁饭碗工作,只能说,当年他也是努力考试考进去的。他的憎恶纯属个人好恶。

我还是问了他可以领多少退休金。说多不好,说实在的,如果是在中国台湾,以平均寿命来算,没有3000万新台币实在很难退休,他只能领到此数的十分之一。

"那么退休之后你想做什么呢?"我问。

"我……还没想到……先休息一下吧……"他说,"总之,我解脱之后,就会有很多自己的时间了。"

日本朋友小希正为一事苦恼——她的妈妈在爸爸退休的前一天,也跟着递出"辞呈"。她要离婚。

根据日本新的离婚法,结婚够久就可以领走丈夫年金的一半!自此数年离婚非常流行,有接近百分之八十的离婚请求,都由女性提出!

小希本以为他们还算恩爱夫妻呢。爸爸因公务繁忙很少在家,在家也很少说话,通常是一脸通红地回来,倒头就睡;妈妈一直是个尽职的家庭主妇,对爸爸说话总是很客气,从没当面抱怨过爸爸。

"没想到妈妈说,一直被爸爸当成空气的日子她已经忍了30年了!我们长大了,她要过自己的日子!"

这两个例子，一是退休，二是离婚，风马牛不相及，却有共同点。

一个忍了9000天，一个忍了超过1万天——他们都因为某个"不得不"的理由，忍功坚强。

正峰舍不得一个社会公认的铁饭碗，当全职主妇的小希妈妈担心的是孩子，还有离开之后一时会失去经济上的供给。

他们都不是个案。在等退休的人很多，暗暗渴望老的时候想要获得自由的伴侣也不少。

划得来吗？

如果我们有一点成本概念，来看看这两件事情，就知道，完全划不来！

为了一天，忍了一万天，也不快乐了一万天！

过程中难道只有忍耐这件事可做吗？如果他试着转化自己的心态去爱这个工作，结果会不会有所不同？如果她愿意多一点沟通，是不是可以点醒悟性比较迟钝的老公？

想一些积极的做法让自己开心一点，而不是把自己关闭起来，忍啊忍。

如果试着转变心态，还无法爱这个工作，爱这个人，那么，也不该忍一万天，早该走了，不要再辜负自己的时间，或对方的时间。那个工作会找到更适合的人，而他也有机会早点找到可以陪他终老的人，这才是负责任的做法吧。

不管做什么事，还是要有成本概念，尤其是时间成本的概念。浪费时间惨过浪费金钱。